草莓病虫害防治

郝保春　主编

中国农业出版社

图书在版编目（CIP）数据

草莓病虫害防治彩色图说／郝保春主编．—北京：中国农业出版社，1999.9（2007.4 重印）

ISBN 978－7－109－05948－1

Ⅰ．草…　Ⅱ．郝…　Ⅲ．草莓－病虫害防治方法－图解
Ⅳ．S436.68－64

中国版本图书馆 CIP 数据核字（1999）第 20844 号

中国农业出版社出版
（北京市朝阳区农展馆北路 2 号）
（邮政编码 100026）
责任编辑　贺志清　王　凯

中国农业出版社印刷厂印刷　　新华书店北京发行所发行
1999 年 9 月第 1 版　　2007 年 4 月北京第 3 次印刷

开本：889mm×1194mm 1/32　　印张：3.75
字数：90 千字　　印数：16 001～26 000 册
定价：20.00 元

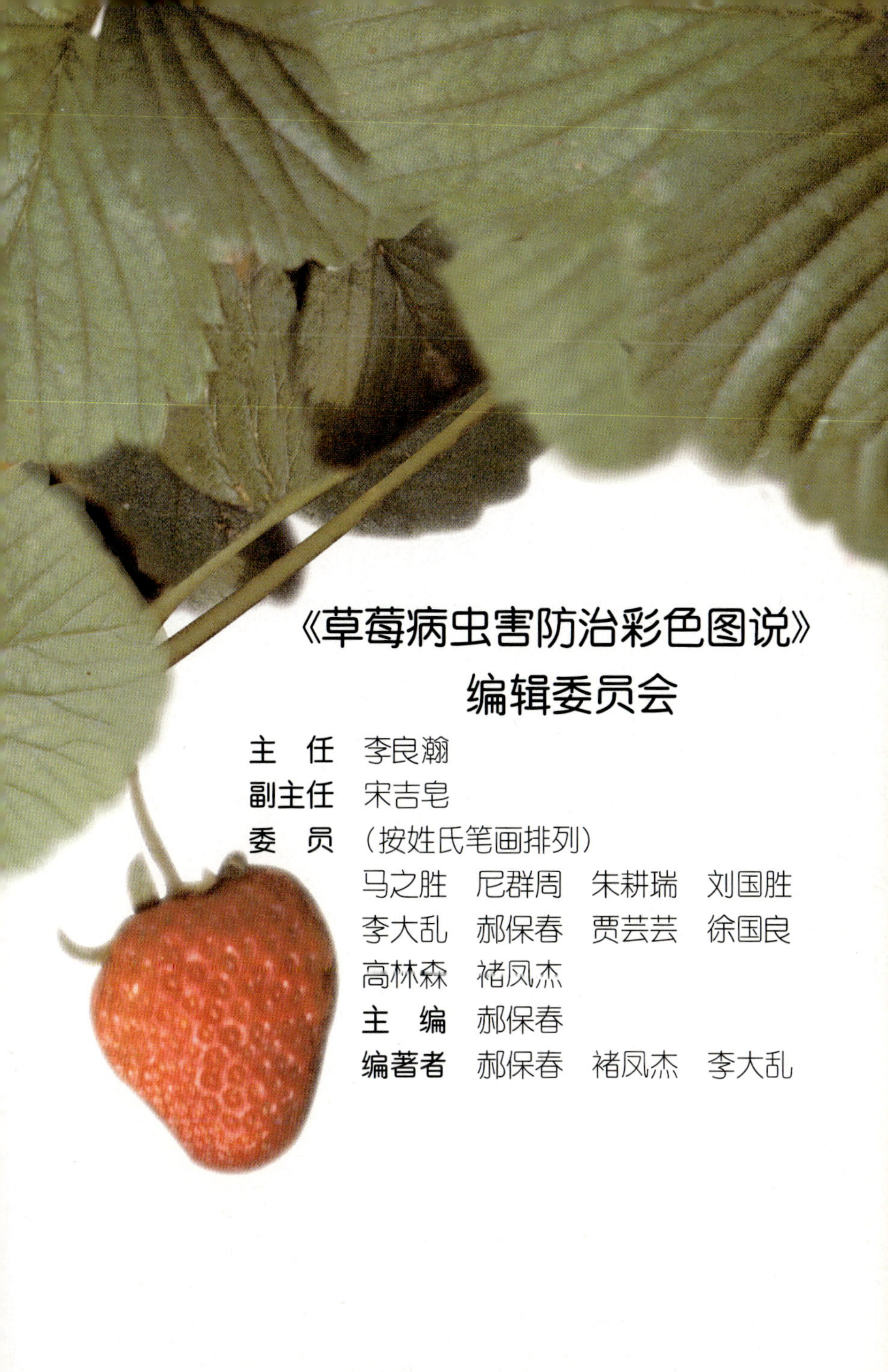

《草莓病虫害防治彩色图说》编辑委员会

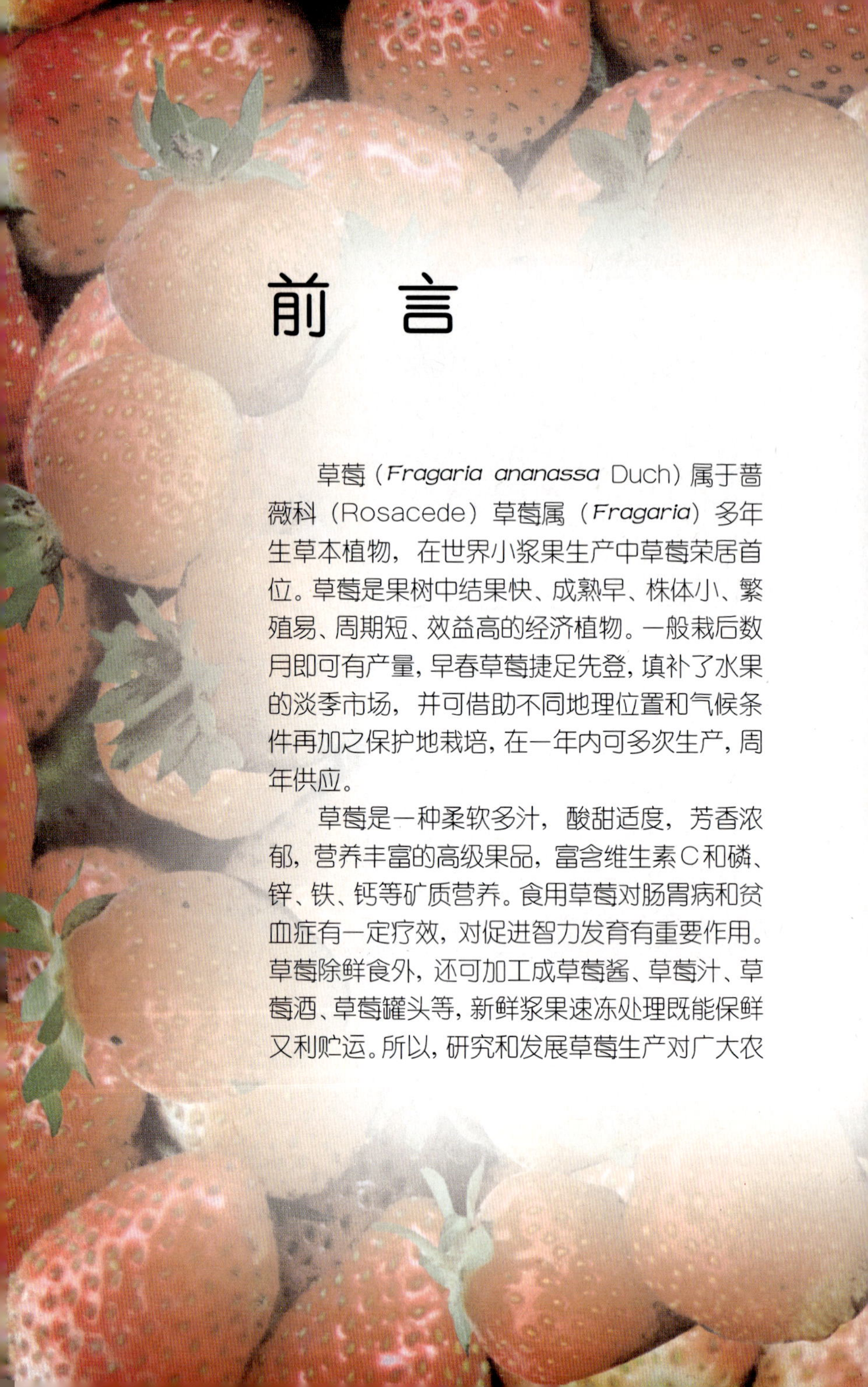

前　言

草莓（*Fragaria ananassa* Duch）属于蔷薇科（Rosacede）草莓属（*Fragaria*）多年生草本植物，在世界小浆果生产中草莓荣居首位。草莓是果树中结果快、成熟早、株体小、繁殖易、周期短、效益高的经济植物。一般栽后数月即可有产量，早春草莓捷足先登，填补了水果的淡季市场，并可借助不同地理位置和气候条件再加之保护地栽培，在一年内可多次生产，周年供应。

草莓是一种柔软多汁，酸甜适度，芳香浓郁，营养丰富的高级果品，富含维生素C和磷、锌、铁、钙等矿质营养。食用草莓对肠胃病和贫血症有一定疗效，对促进智力发育有重要作用。草莓除鲜食外，还可加工成草莓酱、草莓汁、草莓酒、草莓罐头等，新鲜浆果速冻处理既能保鲜又利贮运。所以，研究和发展草莓生产对广大农

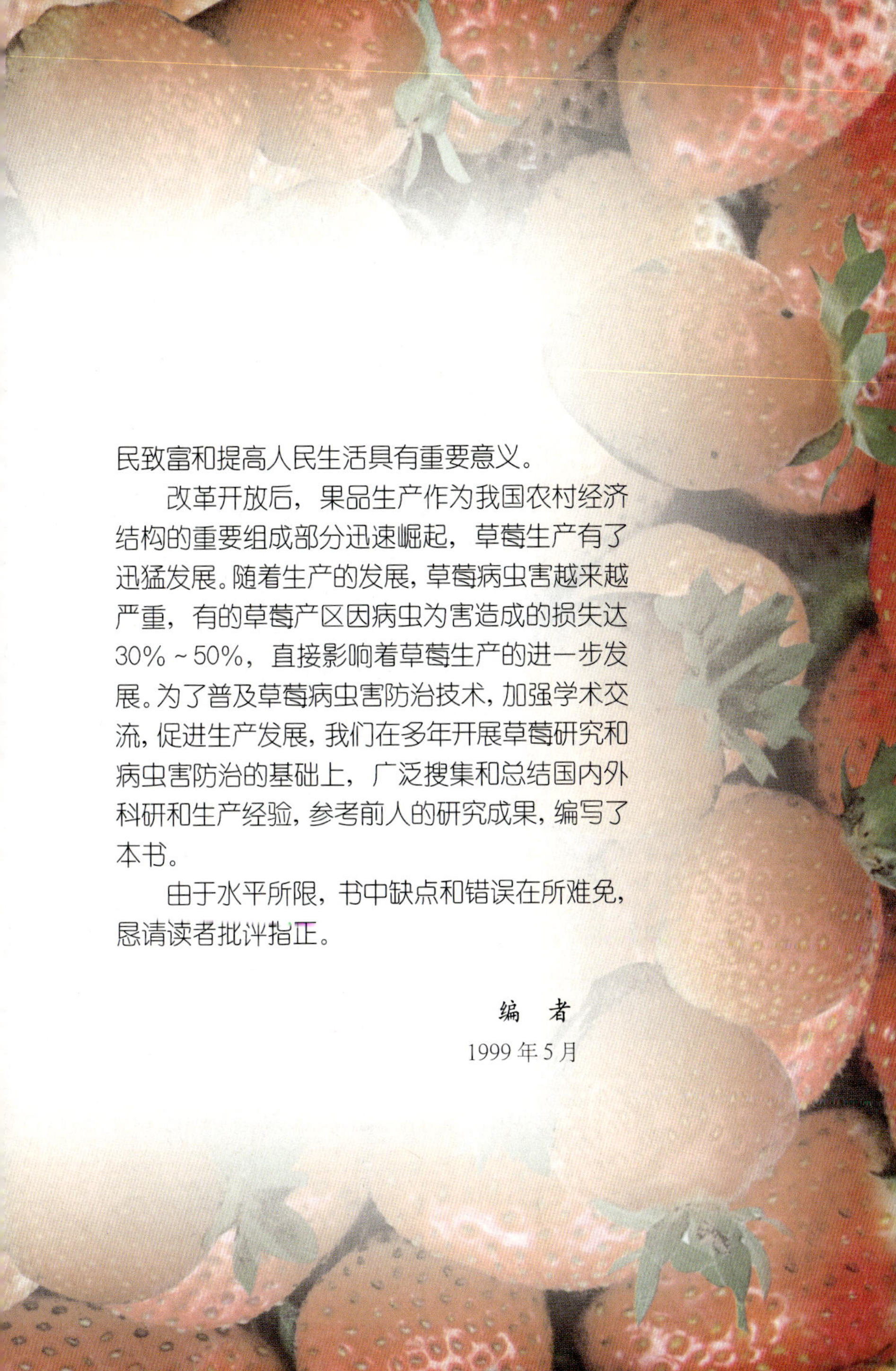

民致富和提高人民生活具有重要意义。

改革开放后，果品生产作为我国农村经济结构的重要组成部分迅速崛起，草莓生产有了迅猛发展。随着生产的发展，草莓病虫害越来越严重，有的草莓产区因病虫为害造成的损失达30%～50%，直接影响着草莓生产的进一步发展。为了普及草莓病虫害防治技术，加强学术交流，促进生产发展，我们在多年开展草莓研究和病虫害防治的基础上，广泛搜集和总结国内外科研和生产经验，参考前人的研究成果，编写了本书。

由于水平所限，书中缺点和错误在所难免，恳请读者批评指正。

编　者

1999年5月

目　录

第一章　主要病害及其防治 …………………… 1

一、草莓褐色轮斑病 …………………… 1
二、草莓细菌性叶斑病 …………………… 2
三、草莓褐角斑病 …………………… 4
四、草莓叶枯病 …………………… 5
五、草莓“V”型褐斑病 …………………… 6
六、草莓蛇眼病 …………………… 8
七、草莓白粉病 …………………… 9
八、草莓黑斑病 …………………… 11
九、草莓黏菌病 …………………… 12
十、草莓灰霉病 …………………… 13
十一、草莓炭疽病 …………………… 15
十二、草莓（终极腐霉）烂果病 …………………… 16
十三、草莓疫霉果腐病 …………………… 17
十四、草莓黑霉病 …………………… 19
十五、草莓红中柱根腐病 …………………… 20
十六、草莓青枯病 …………………… 22
十七、草莓黄萎病 …………………… 23
十八、草莓枯萎病 …………………… 24
十九、草莓芽枯病 …………………… 26

二十、草莓菌核病…………………………………… 28
二十一、草莓线虫病………………………………… 29
二十二、草莓病毒病………………………………… 33
（一）草莓轻型黄边病毒…………………………… 34
（二）草莓斑驳病毒………………………………… 35
（三）草莓皱缩病毒………………………………… 36
（四）草莓镶脉病毒………………………………… 37
（五）草莓丛枝病毒………………………………… 38
附：草莓病毒病的脱毒方法及无病毒苗的繁殖技术…………………………………… 39
二十三、生理性病害………………………………… 41
（一）草莓心叶日灼症……………………………… 41
（二）草莓生理性白化叶…………………………… 42
（三）草莓生理性白果……………………………… 43
（四）草莓生理性叶烧……………………………… 44
（五）草莓冻害……………………………………… 44
（六）草莓畸形果…………………………………… 45

第二章　主要虫害及其防治…………………………… 47

一、古毒蛾…………………………………………… 47
二、茸毒蛾…………………………………………… 48
三、小白纹毒蛾……………………………………… 49
四、肾纹毒蛾………………………………………… 51
五、丽木冬夜蛾……………………………………… 52
六、红棕灰夜蛾……………………………………… 53
七、斜纹夜蛾………………………………………… 55

八、梨剑纹夜蛾…………………………………… 57
九、棉褐带卷蛾…………………………………… 58
十、棉双斜卷蛾…………………………………… 60
十一、草莓镰翅小卷蛾……………………………… 61
十二、大蓑蛾……………………………………… 63
十三、花弄蝶……………………………………… 64
十四、大造桥虫…………………………………… 65
十五、大青叶蝉…………………………………… 67
十六、草莓粉虱…………………………………… 68
十七、二斑叶螨…………………………………… 69
十八、朱砂叶螨…………………………………… 71
十九、截形叶螨…………………………………… 72
二十、土耳其斯坦叶螨……………………………… 73
二十一、桃蚜……………………………………… 74
二十二、草莓根蚜…………………………………… 76
二十三、苹毛丽金龟………………………………… 77
二十四、小青花金龟………………………………… 78
二十五、黑绒金龟…………………………………… 80
二十六、茶翅蝽……………………………………… 81
二十七、麻皮蝽……………………………………… 83
二十八、点蜂缘蝽…………………………………… 84
二十九、小家蚁……………………………………… 85
三十、短额负蝗……………………………………… 86
三十一、小地老虎…………………………………… 87
三十二、蛴螬………………………………………… 88
三十三、蝼蛄………………………………………… 89

三十四、蜗牛…………………………………… 90
三十五、野蛞蝓…………………………………… 91
三十六、网纹蛞蝓………………………………… 93
三十七、黄蛞蝓…………………………………… 94

第三章　营养缺素症及其矫正……………… 95

一、缺氮………………………………………… 95
二、缺磷………………………………………… 96
三、缺钾………………………………………… 97
四、缺钙………………………………………… 97
五、缺镁………………………………………… 98
六、缺硼………………………………………… 99
七、缺铁………………………………………… 100
八、缺锌………………………………………… 100
九、缺锰………………………………………… 101
十、缺铜………………………………………… 102
十一、缺硫……………………………………… 102
十二、缺钼……………………………………… 103

第四章　病虫草害的综合防治……………… 104

附：草莓园周年管理工作历 ……………………107

第一章 主要病害及其防治

一、草莓褐色轮斑病

1. 分布为害 草莓褐色轮斑病广泛分布在世界各地，我国各草莓产区也普遍发生，个别地区发病严重。主要为害叶片、果梗、叶柄，匍匐茎和浆果也可染病。

2. 病原及症状 为半知菌亚门，球壳孢目，拟点属真菌 *Phomopsis (Dendrophoma) obscurans* (Ell et EV.),*Dendrophoma obscurans* (Ell et EV.) H.W. Anderson 是它的异名，分生孢子器淡褐色，球形。受害叶片最初出现红褐色小点，逐渐扩大呈圆形或近椭圆形斑块，中央呈褐色圆斑，圆斑外为紫褐色，最外缘为紫红色，病

叶被害状

病斑（放大）

健交界明显，后期病斑上可形成褐色小点（为病菌分生孢子器），多呈不规则轮状排列。几个病斑融合在一起时，可使叶组织大片枯死。病斑在叶尖、叶脉发生时，常使叶组织呈“V”字形枯死，亦称草莓“V”型褐斑病。

3. 发病规律 以菌丝体和分生孢子器在病叶组织内或随病残体遗落土中越冬，成为翌年初侵染源。越冬病菌到第2年6～7月份大量产生分生孢子，借雨水溅射和空气传播进行初侵染，病部不断产生分生孢子进行多次再侵染，使病害逐渐蔓延扩大。从梅雨季的后半期开始到9月份之间的高温时期，特别在25～30℃的高温多湿季节发病重。平畦漫灌和重茬连作地栽培和丽红达娜等感病品种发病重。

4. 防治方法 （1）选用抗病良种如新明星、华东5号、10号等。（2）植前摘除种苗病叶烧毁，并用70%甲基托布津500倍液浸苗20分钟，待药液晾干后栽植，可减少翌年发病病源。（3）田间在发病初期开始喷洒2%农抗120水剂200倍液，或70%甲基硫菌灵可湿性粉剂800倍液，或40%多硫悬浮剂500倍液，或27%高脂膜乳剂200倍液混75%百菌清可湿性粉剂600倍液每10天1次，连喷2～3次。

二、草莓细菌性叶斑病

1. 分布为害 草莓细菌性叶斑病首先在美国的明尼苏达州发现，现已在美国的其他地区及澳大利亚、委内瑞拉、意大利、新西兰、巴西及希腊均有发生。主要为害叶片，果柄、花萼、匍匐茎上也常有发生。

2. 病原及症状 草莓细菌性叶斑病又称草莓角斑病、草莓角状叶斑病，病原 *Xanthomonas fragariae* Kennedy et King。为黄单孢杆菌属草莓黄单孢菌，属细菌。初侵染时在叶片下表面出现水浸状红褐色不规则形病斑，病斑扩大时受细小叶脉所限呈角形叶斑，故亦称角斑病或角状叶斑病。病斑照光呈透明状，但以反射光看时呈深绿色。病斑逐渐扩大后融合成一片，渐变淡红褐色而干枯；湿度大时叶背可见溢有菌脓，干燥条件下成一薄膜，病斑常在叶尖或叶缘处，叶片发

叶被害状

病后常干缩破碎。严重时使植株生长点变黑枯死。

3. 发病规律　该病是随着草莓繁殖材料的引进而迅速传播的。病原菌在种子或土壤里及病残体上越冬，播种带菌种子，幼芽在地下即染病，致幼苗不能出土。有的虽能出土，但出苗后不久即死亡。在田间通过灌溉水、雨水及虫伤或农事操作造成的伤口或叶缘处水孔侵入致病并传播蔓延。病菌先侵害少数薄壁细胞，后进入维管束向上下扩展。发病适温 25 ~ 30℃，高温多雨或连作、地势低洼、灌水过量、排水不良、人为伤口或虫伤多者发病重。

4. 防治方法　（1）通过检疫，防止病害传播蔓延。（2）清除枯枝病叶。（3）减少人为伤口，及时防治虫害。（4）定植前每公顷用 50% 福美双可湿性粉剂或 40% 拌种灵粉剂 11.25 千克，对水 150 千克，拌入 1 500 千克细土后穴施处理土壤进行消毒。（5）加强管理，苗期小水勤浇，降低土温，雨后及时排水，防止土壤过湿。（6）发病初期开始喷洒瑞毒铝铜 200 倍液，或 2% 农抗 120 水剂 200 倍液，或 72% 农用硫酸链霉素可湿性粉剂 3 000 ~ 4 000 倍液，或 30% 碱式硫酸铜悬浮剂 500 倍液，隔 7 ~ 10 天 1 次，连续防治 3 ~ 4 次。采收前 3 天停止用药。

三、草莓褐角斑病

1. 分布为害　草莓褐角斑病亦称草莓角斑病。在我国深圳等部分草莓产区有发生，主要为害叶片。

2. 病原及症状　*Phyllosticta fragaricola* Desm et Rob。称草莓生叶点霉，属半知菌亚门真菌。在叶片初侵染处生暗紫褐色多角形病斑，扩大后变为灰褐色，边缘色深，后期病斑上有时具轮纹，病斑直径约5毫米。

3. 发病规律　病菌以分生孢子器在草莓病残体上越冬，来年春季雨后产生分生孢子，通过雨水和灌溉水传播侵染和多次再侵染，生产

叶被害状

上5～6月发病重，品种间美国6号发病重。

4. 防治方法　（1）选用抗病品种，宝交早生、新明星、全明星等抗病。（2）植前摘除种苗病叶，并用70%多菌灵500倍液浸苗15～20分钟后取出晾干后栽植。（3）发病初期开始每隔10天喷1次70%甲基硫菌灵可湿性粉剂800倍液，或40%多硫悬浮剂500倍液，或75%百菌清600倍液，或苯腐速克灵500倍液，或每隔5～7天喷1次2%农抗120水剂200倍液，连续防治2～3次。采收前3天停止用药。

四、草莓叶枯病

1. 分布为害　草莓叶枯病又称紫斑病、焦斑病，我国发生比较普遍。主要侵害叶片，是草莓叶部常见病害之一，有时相当严重，叶柄、果梗亦可染病显症。

2. 病原及症状　病原为凤梨草莓褐斑病菌 *Marssonina potentillae* (Desmazieres) Magn，有性阶段为 *Diplocarpon earliana* (Ellet

叶被害状

EV.) Wolf 属子囊菌亚门，分生孢子盘在叶面散生或聚生。叶枯病主要在春秋发病，侵害叶、叶柄、果梗和花萼。叶上产生紫褐色无光泽小斑点，以后扩大成直径3～4毫米的不规则形病斑，病斑中央与周缘颜色变化不大。病斑有沿叶脉分布的倾向，发病重时叶面布满病斑，后期全叶黄褐至暗褐色，直至枯死。在病斑枯死部分长出黑色小粒点，叶柄或果梗发病后，产生黑褐色稍凹陷的病斑，病部组织变脆而易折断。

3.发病规律 病菌以子囊壳或分生孢子器在植株病组织或落地病残物上越冬，春季释放出子囊孢子或分生孢子借空气扩散传播、侵染发病，并由带病种苗进行中远距离传播。本病为低温性病害，秋季和早春雨露较多的天气有利侵染发病。肥足苗壮发病轻，缺肥苗弱发病重。草莓品种间有抗性差异，福羽、幸玉发病重，达娜、新明星较抗病。

4.防治方法 （1）注意清园，及早摘除病老叶片，减少传染源。（2）加强肥水管理，使植株生长健壮，但不要过多施用氮肥。（3）采用新明星、达娜等抗病品种。（4）药剂防治，于秋季降温初期用25%多菌灵可湿性粉剂300～400倍液，或50%苯菌灵2 000倍液，或70%甲基托布津1 200倍液，或代森锌可湿性粉剂400～600倍液，或代森锰锌可湿性粉剂600倍液，或2%农抗120水剂200倍液喷布，隔7～10天喷1次都有好的防病效果，而且还能兼治其他病害。

五、草莓“V”型褐斑病

1.分布为害 我国分布较为普遍，有的园相当严重。此病主要为害幼嫩叶片，此外还可引起果柄褐腐，或侵害浆果。

2.病原及症状 为子囊菌亚门，日规壳属的草莓日规壳菌 *Gnomonia fructicola* (Arnaud)Fall。其无性阶段为 *Zythia fragariae* Laibach 为凤梨草莓假轮斑病菌，故草菌“V”型褐斑病亦称草莓假轮斑病。此病在老叶上起初为紫褐色小斑，逐渐扩大呈褐色不规则形病斑，周围常呈暗绿或黄绿色。在嫩叶上病斑常从叶顶开始，沿中央主脉向叶基作“V”字形或“U”字形迅速发展，构成“V”形斑，故称“V”型褐斑病，病斑褐色，边缘浓褐色，病斑内可相间出现黄绿红褐

叶被害状

色轮纹，最后病斑内全面密生黑褐色小粒（分生孢子堆）。一般1个叶片只有1个大斑，严重时从叶顶伸达叶柄，乃至全叶枯死。本病还可侵害花和果实，可使花萼和花柄变褐死亡，浆果引起干性褐腐，病果坚硬，最后为菌丝所缠绕。

3. 发病规律 病原菌在病残体上越冬和越夏，秋冬时节形成子囊孢子和分生孢子，释放出来在空中经风雨传播，侵染发病。草莓"V"型褐斑病是偏低温高湿病害，春秋特别是春季多阴湿天气有利于本病发生和传播，一般在花期前后和花芽形成期是发病高峰期。28℃以上，此病发生极少。另外，在保护地栽培和低温多湿、偏施氮肥、苗弱光差的条件下发病重。品种间福羽、芳玉发病重，新明星、达娜较抗病。

4. 防治方法 （1）及时摘除病老枯死叶片，集中烧毁。（2）加强栽培管理，注意植株通风透光，不要单施速效氮肥，适度灌水，促使植株生长健壮。（3）药剂防治一般在现蕾开花期进行，可用25%多菌灵300倍液，或50%克菌丹或50%速克灵800倍液，或用50～100倍的614抗生素，或用50%福美双、75%百菌清500～700倍液，或用波尔多液200倍液，或65%代森锌可湿粉500倍液，或70%甲基托布津1 000倍液，或2%农抗120水剂200倍液充分喷洒，5～7天1次，一

般喷2~3次效果较好。

六、草莓蛇眼病

1.分布为害 草莓蛇眼病又称草莓白斑病、草莓叶斑病，我国各地发生普遍。主要为害叶片造成叶斑，大多发生在老叶上。叶柄、果梗、嫩茎和浆果及种子也可受害。

2.病原及症状 无性世代为 *Ramularia tulasnei* （*R.fragariae* Peck）称杜拉柱隔孢，属半知菌亚门，柱隔孢属。有性世代为 *Mycosphaerella fragariae* (Tul) Lindau 称草莓蛇眼小球壳菌，属子囊菌亚门，腔菌属真菌。叶上病斑初期为暗紫红色小斑点，随后扩大成2~5毫米大小的圆形病斑，边缘紫红色，中心部灰白色，略有细轮纹，酷似蛇眼。病斑发生多时，常融合成大型斑。病菌侵害浆果上的种子，单粒或连片侵害，被害种子边同周围果肉变成黑色，使之丧失商品价值。

3.发病规律 病菌以病斑上的菌丝或分生孢子越冬，也可产生细小的菌核越冬。还有的以产生的子囊壳越冬，越冬后翌春产生分生孢子或子囊孢子进行传播和初次侵染，后病部产生分生孢子进行再侵染。

叶被害状

病苗和表土上的菌核是主要传播载体。病菌生育适温为18～22℃，低于7℃或高于23℃发育迟缓。秋季和春季光照不足，天气阴湿发病重。重茬田、管理粗放和排水不良地块发病重。品种间抗性差异显著，如因都卡、新明星等较抗病。

4. 防治方法　（1）选用抗病品种因都卡、新明星等。（2）采收后及时清理田园，摘除收集被害叶片烧毁。（3）定植时汰除病苗。（4）发病初期喷淋50%琥胶肥酸铜（DT）可湿性粉剂500倍液，30%绿得保悬浮剂400倍液，14%络氨铜水剂300倍液，77%可杀得可湿性粉剂500倍液，75%百菌清可湿性粉剂500倍液，70%代森锰锌可湿性粉剂350倍液喷布。10天1次，共2～3次。采收前3天停止用药。

七、草莓白粉病

1. 分布为害　草莓白粉病主要发生在我国北方草莓产区，是冷凉地区、山地栽培和保护地栽培中的重要病害，特别是东北草莓产区有的年份发病较重。在适宜条件下可以迅速发展，泛滥成灾，损失严重。草莓白粉病主要侵害叶片和嫩尖；花、果、果梗及叶柄也可受害。

2. 病原及症状　为子囊菌亚门，白粉菌目，白粉菌科，单囊壳属 *Sphaerotheca macularis* (Wallr.ex Fr) Jacz.f.sp.*fragariae peries*（羽衣草单囊壳）。在我国东北为 *Oidium* sp.(=*Uncinula* sp.)钩丝壳属。叶发病初期在叶面长出薄薄的白色菌丝层，随病情加重，叶缘逐渐向上卷起呈汤匙状，叶片上发生大小不等的暗色污斑和白色粉状物，后期呈红褐色病斑，叶缘萎缩、焦枯、蕾受害，幼果不能正常膨大，干枯。若后期受害，果面覆有一层白粉，果实失去光泽并硬化，着色缓慢并丧失商品价值，严重影响浆果质量。

3. 发病规律　北方病菌以闭囊壳、菌丝体等随病残体留在地上或在活着的草莓老叶上越冬，南方多以菌丝或分生孢子在寄主上越冬或越夏，成为翌年初侵染源。草莓白粉菌是专性寄生菌，白粉病主要依靠带病的草莓苗等繁殖材料进行中远距离传播，而气候则有助于病菌孢子在田间扩散蔓延。翌年春天产生分生孢子或子囊孢子，经气流传

果被害状

叶被害状

花和幼果被害状

播到寄主叶上，分生孢子先端产生芽管和吸器从叶片表皮侵入，菌丝附生在叶面上，从萌发到侵入一般需20多个小时，每天可长出3～5根菌丝，5天后在侵染处形成白色菌丝丛状病斑。经7天后成熟，形成分生孢子飞散传播，进行再侵染。高山冷凉地与保护地栽培易发病，品种间抗病性有差异，宝交早生、因都卡、新明星等较抗病，达娜、福羽、芳玉、春香、丽红等发病重。

4.防治方法　(1)选用新明星、宝交早生、因都卡等抗病品种。(2)

冬春季清扫园地，烧毁腐烂枝叶，生长季及时摘除病残老叶，栽植不宜过密，加强肥水管理，使植株通风透光，生长健壮。(3) 生物防治：喷洒2%农抗120或2%武夷菌素（BO-10）水剂200倍液，隔6～7天再防1次。(4) 用27%高脂膜乳剂80～100倍液，于发病初期开始喷洒，5～6天1次，连喷3～4次。或用25%粉锈宁可湿性粉剂3 000倍液，或灭螨猛可湿性粉剂2 500～4 000倍液，或多氧霉素（AL）可湿性粉剂1 000倍液。这些药剂都是隔7～10天1次，喷药时要使叶的背面和芽的空隙间都均匀着药。但要注意在高温时喷灭螨猛可湿性药剂有时产生药害，使用时最好降低药液的浓度。(5) 保护地栽培可采用45%百菌清烟熏剂3～3.75千克/公顷或速克灵烟熏剂灭菌。一般用药物防治要在采收前7天停止用药。

八、草莓黑斑病

1. 分布为害　我国分布比较普遍。草莓黑斑病主要为害叶、叶柄、茎和浆果。

2. 病原及症状　病原为半知菌亚门，链格孢属的 *Alternaria alternata* (Fries) Keissler。一般发病是在叶面上产生直径5～8毫米的黑色不定形病斑，略呈轮纹状，病斑中央呈灰褐色，有蛛网状霉层，病斑外常有黄色晕圈。在叶柄及匍匐茎上发病常呈褐色小凹斑，当病斑围绕一周时，柄或茎部因病部缢缩干枯易折断。在果实上贴地果染病较多，浆果上的病斑为黑色，上有灰黑色烟灰状霉层，病斑仅在皮层一般不深入果肉，但因黑霉层污染而

叶被害状

使浆果丧失商品价值。

3.发病规律 黑斑病菌以菌丝体等在植株上或落地病组织上越冬。借种苗等传播，环境中的病菌孢子也可引起侵染发病。高温高湿天气有利于黑斑病的侵染和蔓延，田间小气候潮湿有利于发病。重茬田发病加重。品种间抗性不同，盛岗16最感病，新明星较抗病。

4.防治方法 （1）选用新明星等抗病品种。（2）冬春季清扫园地，烧毁腐烂枝叶，生长季及时摘除病老残叶及染病果实销毁。（3）用2%农抗120水剂200倍液，或50%退菌特800倍液，或70%甲基托布津1 000倍液，或10%多抗霉素可湿性粉剂600倍液在发病初期喷雾，7天1次，连喷2～3次。采收前3天停止用药。

九、草莓黏菌病

1.分布为害 我国分布较普遍。黏菌通常为一类自由生活的原始生物，在植物表面附生而非寄生，其对植物的危害主要是遮避阳光影响光合作用，并黏附在寄主表面影响呼吸作用和其他生命活动，严重

叶被害状

时造成寄主生长衰弱甚至死亡。除为害草莓外还可为害多种低矮植物和果树苗木。

2. 病原及症状　发生在叶上的为黏菌门，钙皮菌科，双皮菌属的半圆双皮菌 *Dierma hemisphaerieum* (Bull.) Hornem。黏菌爬到活体草莓上生长并形成子实体。使病部表面初期布满胶黏淡黄色液体，后期长出许多淡黄色圆柱形孢子囊，圆柱体周围蓝黑色有白色短柄，排列整齐地覆盖在叶片、叶柄和茎上。此时受害部位不能正常生长，或有其他病杂菌生长而造成腐烂，此时如遇干燥天气则病部产生灰白色粉末状硬壳质结构，不仅影响草莓的光合作用和呼吸作用，受害叶不能正常伸展、生长和发育，黏菌在草莓上一直黏附到草莓生长结束，严重的植株枯死，果实腐烂，造成大幅度减产。

3. 发病规律　黏菌以孢子囊在植物体、病残物或地表等处越冬。休眠中的孢子囊有极强的抗低温、抗干旱等不良环境的能力，一般从近地面部位向上爬升，可达上层叶片和浆果上，使植株各部位发病，可随繁殖材料及风雨进行传播。草莓栽植过密，造成郁闭，或田间潮湿，杂草丛生都有利于该病的发生和蔓延。

4. 防治方法　(1) 选择地势高燥、平坦地块及砂性土壤栽植草莓。(2) 雨后及时排水，灌溉要防止大水漫灌，防止积水和湿气滞留。(3) 精耕细作，及时清除田间杂草和残体败叶，栽植不可过密，防止植株郁闭。(4) 及时喷洒石灰半量式波尔多液200倍液，或45%特克多悬浮液3 000倍液，或50%多菌灵600倍液进行防治。采收前5天停止用药。

十、草莓灰霉病

1. 分布为害　灰霉病是世界各国草莓上的主要病害，无论温室和露地栽培均易发生。因灰霉病造成烂果一般可减产10%～30%，重者达50%以上。除为害草莓外，还可侵害番茄、辣椒、莴苣、茄子、黄瓜等多种蔬菜，花卉、果树等植物被害也很重。

2. 病原及症状　为半知菌亚门，葡萄孢属的灰霉菌，学名 *Botrytis cinerea* Person。在草莓上主要侵害叶、花、果柄、花蕾及果实。在

植株被害状

果被害状

果被害状

叶上发生时，病部产生褐色或暗褐色水渍状病斑，有时病部微具轮纹。干时褐色干腐，湿润时叶背出现乳白色绒毛状菌丝团。蕾花及柄发病变暗褐色，后扩展蔓延病部枯死，由花萼延及子房及幼果。果实被害时最初出现油渍状淡褐色小斑点，进而斑点扩大，全果变软，上生灰色霉状物，为病原菌的分生孢子梗与分生孢子。另外，病菌还能在被害植株上形成扁平形，或不正形黑色鼠粪状的菌核。

3. 发病规律 病原菌以菌丝体、菌核、分生孢子的形态在被害植物组织内越冬，孢子由空气传播，蔓延。栽植过密、氮肥多、植株通

风透光不良或湿度过大时发病重。特别是在促成和半促成栽培情况下，在多肥、密植、下部叶子没有摘除，而枝叶繁茂株行郁闭再加上连续阴雨湿度过大时则发病快。此外，连作田、重茬田或宝交早生、达娜等感病品种发病重。

4. 防治方法　(1) 控制施肥量、栽植密度和田间湿度，行地膜覆盖以防止果实与土壤接触。选用美国3号、红衣等抗病品种，及时摘除老、病、残叶及感病花序，剔除病果。(2) 花序显露到开花前喷等量式波尔多液200倍液、多氧霉素可湿性粉剂500倍液、敌菌丹可湿性粉剂700～1 000倍液、抑菌灵可湿性粉剂500～800倍液、克菌丹可湿性粉剂800倍液、敌菌灵可湿性粉剂600倍液等，每10天1次，直至大批果实采收结束。也可喷50%速克灵800倍液，或花前喷500倍65%代森锌可湿性粉剂。(3) 注意选择茬口实行轮作，定植前深耕，提倡高畦栽培，药剂处理土壤，定植前公顷撒施25%多菌灵可湿性粉剂75～90千克后耙入土中防病效果好。保护地栽培可用45%百菌清烟薰剂3～3.75千克／公顷或速克灵烟熏剂灭菌。

十一、草莓炭疽病

1. 分布为害　我国东部地区发生较多，叶片、叶柄、托叶、匍匐茎、花瓣、萼片和浆果都可受害。可以造成烂果和植株萎蔫，有时损失严重。

2. 病原及症状　为半知菌亚门，毛盘孢属的草莓炭疽菌，*Colletotrichum fragariae* Brooks。病菌生长适温为30℃左右，是典型的高温性病菌。最低为10～15℃，最高为35～40℃，有性阶段为子囊菌亚门小丛壳属的*Glomorella fragariae*。该病主要发生在叶、叶柄、托叶、花瓣、花萼和果实上，病的明显特征是草莓株叶受害可造成局部病斑和全株萎蔫枯死。茎叶上病斑一般长3～7毫米，黑色，纺锤形或椭圆形，溃疡状，稍凹陷。浆果受害，产生近圆形病斑，淡褐至暗褐色，软腐状并凹陷，后期也可长出肉红色黏质孢子团。

3. 发病规律　病菌在病组织或落地病残物中越冬。翌年现蕾期开

茎和根被害状

干枯状

始在近地面幼嫩部位侵染发病。当气温升至25～30℃的盛夏高温雨季此病易流行。一般从7月中旬到9月底发病，气温高的年份发病时间可延续到10月。连作田发病重，老残叶多或氮肥过量植株柔嫩或密度过大造成郁闭易发病。在田间分生孢子靠风雨传播。病菌还可随病苗、病叶、病果作异地传播。草莓品种对炭疽病抗性有差异，丽红、芳玉等易感病，新明星、早丰86、宝交早生等较抗病。

4. 防治方法 （1）选用抗病品种。（2）栽植不宜过密，氮肥不宜过量，施足有机肥和磷钾肥，扶壮株势，提高植株抗病力。（3）及时清除病残物。（4）用克菌丹、敌菌灵或50%多菌灵600倍液，或2%农抗120水剂200倍液喷洒防治。

十二、草莓（终极腐霉）烂果病

1. 分布为害 腐霉是世界性分布的土壤真菌，腐生能力很强，可以侵害150多种瓜果作物的根部和幼苗引起烂种、猝倒、立枯、烂根和烂果，主要为害近地面的果实和根。在美国、日本和中国已是草莓烂根和烂果病中的常见种类之一，局部田块可以造成重大损失。

2. 病原及症状 为鞭毛菌亚门，卵菌纲，腐霉属的终极腐霉 *Py–*

thium ultimum Trow。菌丝发达，有分枝，无分隔。菌丝生长适温28～36℃，终极腐霉侵害根和果实，根部染病后变黑腐烂，轻则地上部萎蔫，重则全株枯死。贴地果和近地面果实容易发病，病部初呈水渍状，熟果病部略褐色后常呈现微紫色，病果软腐略具弹性，果面长满浓密的白色棉状菌丝。叶柄果梗也可受害变黑干枯。

3. 发病规律 腐霉菌广布各地，存在于土壤、粪肥及植物病残体中，并可在土壤中长期存活。病苗、病土、病果和田间流水都可进行传播。草莓浆果成熟期遇有高温多雨容易侵染，引致腐霉菌烂果病，重茬地、低洼地、湿度大、栽植过密易发病，贴地果最易染病。

4. 防治方法 （1）选择避风向阳高燥地块种植草莓，苗床栽前可用氯化苦等进行土壤消毒。（2）可喷洒15%庄园乐水剂200倍液，或2%农抗120水剂200倍液，或69%安克锰锌可湿性粉剂1 000倍液，或15%恶霉灵水剂400倍液，一般防治2～3次即可收到较好效果。

十三、草莓疫霉果腐病

1. 分布为害 在我国分布较普遍，内陆水浇地发生尤其严重。有的地方田间种苗在冬前就因烂根死亡，或越冬后开花期死亡，花、果期连续多日低温多雨时，病菌侵袭花、果穗而使田间花、果穗成批急剧变黑枯死，或浆果干腐。

2. 病原及症状 *Phytophthora cactorum* (Labert et Cohn) Schroete称恶疫霉或苹果疫霉，属鞭毛菌亚门，卵菌纲，霜霉目真菌；*P.citrophthora* (R. et E.Smith) Leonian称柑橘褐腐疫霉和*P.citricola*

果被害状

Saw称柑橘生疫霉；*P.capsici* Leon称辣椒疫霉均属鞭毛菌亚门真菌。

草莓根、花穗、果穗、蕾、花、果及叶均可发病，根发病由外向里变黑，革腐状。早期地上不显症状，中期植株生长差，略显短小，到开花结果期如遇干旱，则植株失水萎蔫，浆果膨大不足，色暗无光泽，果小、味淡、汁少，严重时死亡。叶、花序和果穗染病呈急性水烫状，迅速变褐至黑褐色死亡。青果被害，生淡褐色水烫状斑，并迅速扩大蔓及全果，果实变为黑褐色，后干枯、硬化，似皮革，故亦称为革腐病。熟果则病部稍退色失去光泽，白腐软化，呈水浸状，似开水烫过，发出臭味。制果酱或果冻、果汁、果酒时混入病果，会使加工品产生苦味。

3. 发病规律 病原菌以卵孢子在病果、病根等病残物中或土壤中越冬，有很强的抗寒能力，翌春条件适宜时产生孢子囊遇水释放游动孢子，借病苗、病土、风雨、流水、农具等传播，侵染为害。地势低洼、土壤黏重、偏施氮肥发病重。中偏低温和阴雨多湿发病重，连作重茬地发病重。

4. 防治方法 （1）加强栽培管理。低洼积水地块注意排水，行高

畦作床，合理施肥，不偏施氮肥。(2) 实施检疫，不在疫区病田育苗和定植。(3) 病田在定植前用氯化苦每公顷 195～300 升作土壤薰蒸消毒。定植时用苯腐灵浸根，生长期发病初期用 25% 甲霜灵可湿性粉剂 1 000～1 500 倍液，或代森锰锌、百菌清、克菌丹 500 倍液，或 72% 克抗灵可湿性粉剂 800 倍液，或 35% 瑞毒霉、69% 安克锰锌可湿性粉剂 1 000 倍液，或 25% 多菌灵 300 倍液喷雾，每隔 10 天左右 1 次，连防 3～4 次。采收前 3 天停药。

十四、草莓黑霉病

1. 分布为害　此病在吉林公主岭、陕西杨陵、重庆、河北石家庄，以及河南、广西等地有发生。主要为害草莓果实，特别是草莓采收后如不及时处理会被侵染而大量腐烂，贮藏期尤甚。此病也为害桃，还

烂果

可引起甘薯软腐。

2. 病原及症状 病原菌为*Rhizopus nigricans* Ehrenb [=*R.stolonifer*（Ehrenb.ex Fr）Vuill.]，属藻状菌纲，毛霉目，毛霉科。被害果实初为淡褐色水浸状病斑，继而迅速软化腐烂，长出灰色棉状物，上生颗粒状黑霉（菌丝体和子实体）。

3. 发病规律 病原菌在土壤及病残体上越冬，生长期靠风雨气流传播，在果实成熟期侵染发病。特别在草莓采收后如不及时处理常常被害。只要一处被侵染出现病斑便很快全果腐烂，继而波及相邻果实被侵染腐烂，软腐流汤，特别是在贮藏期容易造成大量腐烂，损失惨重。

4. 防治方法 （1）限制草莓连作，连作草莓地需进行清理病原和土壤消毒。于定植前每100米^{2}用氯化苦3升打眼薰蒸消毒，施药后以塑料薄膜覆盖7～10天后揭膜，再晾3～5天后栽植。（2）加强肥水管理，培育健壮秧苗，及时摘除老叶和病果。（3）采收前连续喷布200～240倍波尔多液，或50%多菌灵可湿性粉剂600倍液，或70%代森锰锌干悬粉500倍液，50%苯菌灵可湿性粉剂1 500倍液，或2%农抗120或2%武夷菌素（BO-10）水剂200倍液，或27%高脂膜乳剂80～100倍液，重点喷洒果实。另外，采前喷0.1%高锰酸钾溶液亦有一定效果。（4）感病地区不与桃和甘薯间作。

十五、草莓红中柱根腐病

1. 分布为害 该病又叫红心根腐病、红心病、褐心病，是冷凉和土壤潮湿地区草莓的主要病害，水旱轮作田和老产区发病偏重。在我国辽宁、河北等地草莓老产区已成为生产上的毁灭性病害。

2. 病原及症状 *Phytophthora fragariae* Hickman是藻状菌纲中侵害草莓的一种疫霉，属鞭毛菌亚门真菌。

常见有急性萎凋型和慢性萎缩型两种。急性型多在春夏两季发生，从定植后到早春植株生长期间，在外观上显不出有异常现象，但到了3月中旬至5月初，特别是久雨初晴后叶尖突然凋萎，不久呈青枯状，引起全株迅速枯死。慢性型定植后至冬初均可发生，呈矮化萎缩状，下部老叶叶缘变紫红色或紫褐色，逐渐向上扩展，全株萎蔫或枯死。检视根部可见根系开始都由幼根先端或中部变成褐色或黑褐色而腐烂，后中柱变红褐腐朽，继而扩展到根颈，病株易拔起。定植后在新生的不定根上症状最明显，发病初期不定根的中间部位表皮坏死，形成1～5厘米长红褐色至黑褐色梭形长斑，病部不凹陷，病健交界明显。严重时，病根木质部及髓部坏死褐变，整条根干枯，地上部叶片变黄或萎蔫，最后全株枯死。

根被害状

3. 发病规律　草莓疫霉以卵孢子在土壤中存活，由病土和病苗传播。土壤中的卵孢子在晚秋或初冬产生孢子囊，释放出游动孢子，侵入根部后出现病斑，后又在病部产生孢子囊，借灌溉水或雨水传播蔓延。游动孢子侵入主根或侧根尖端的表皮，菌丝沿着中柱生长，后中柱变红色、腐烂。卵孢子在土中可存活数年。条件适宜时产生分生孢子进行初侵染和再侵染。土壤温度低、湿度高易发病，地温6～10℃是发病适温，所以本病为低温域病害，地温高于25℃则不发病，一般春秋多雨年份易发病，低洼地排水不良或大水漫灌地块发病重。

4. 防治方法　（1）实行轮作倒茬。选无病地育苗，草莓田要实行4年以上的轮作。（2）进行土壤消毒。有条件地区采用氯化苦土壤熏蒸、穴注或滴灌。也可在草莓采收后，将地里的草莓植株全部挖除干净后施入大量有机肥，深翻土壤灌足水后在炎热高温季节地面用透明塑料薄膜覆盖20～30天，利用太阳能使地温上升到50℃左右，起到土壤消毒作用。（3）选用抗病品种。如宝交早生、因都卡、新明星、戈雷拉、红色岗特利德都较抗病。（4）采用高畦或起垄栽培，尽可能覆

盖地膜，有利于提高地温减少发病。雨后及时排水，严禁大水漫灌。(5)及时挖除病株，并浇灌58%甲霜灵锰锌可湿性粉剂或60%杀毒矾可湿性粉剂500倍液，72%霜脲锰锌可湿性粉剂800倍液等连续防治2~3次。采收前5天停止用药。

十六、草莓青枯病

1. 分布为害 我国局部地区如广州、合肥等地发生较重，是该地区草莓的重要病害。青枯病菌寄主范围广，可侵害30科100多种植物，以茄科植物最易感病。

2. 病原及症状 *Pseudomonas solanacearum* E.F.Smith 称青枯假单胞杆菌属的杆状细菌。该病主要发生在定植初期。初发病时下位叶1~2片凋萎、脱落，叶柄下垂似烫伤状，烈日下更为严重。夜间

青枯状

可恢复，发病数天后整株枯死。根部受害，地上部叶柄呈紫红色，基部叶片先凋萎脱落，然后全株枯死。将根冠纵切，可见根冠中央有明显褐化腐败现象。被害根横切面维管束内有乳浊状细菌溢流出。一般生育期间发病甚少，一直到草莓采收末期，青枯现象才再度出现。

3. 发病规律　病原细菌主要随病残体残留于草莓园或在草莓株上越冬，通过雨水和灌溉水传播，带病草莓苗也常带菌，从伤口侵入。该菌具潜伏侵染特性，能在土壤中生活和繁殖，腐生能力强，病菌喜高温，发育温度10～40℃，最适温度35℃，最适pH值6.6，久雨或大雨后转晴发病重。

4. 防治方法　（1）严禁用罹病田作育苗圃，草莓定植时使用无病壮苗栽植。（2）加强栽培管理，施用充分腐熟的有机肥或草木灰，调节土壤pH值。（3）用氯化苦或生石灰进行土壤消毒，不在茄科蔬菜茬栽种草莓。（4）药剂防治，定植时用青枯病拮抗菌MA-7、NOE-104浸根；或于发病初期开始喷洒（或灌）72%农用硫酸链霉素可溶性粉剂4 000倍液，或14%络氨铜水剂350倍液，50%琥胶肥酸铜可湿性粉剂500倍液，30%绿得保悬浮剂400倍液等，隔10天左右1次，连续防治2～3次。采收前3天停止用药。

十七、草莓黄萎病

1. 分布为害　此病在辽宁丹东等地区已成为严重病害。为土壤真菌病害，除为害草莓外还为害茄子、番茄、秋葵、甜瓜、黄瓜和棉花等植物。

2. 病原及症状　*Verticillium alboatrum* Reinke dt Berthold和*Verticillium dahliae* Klrmahn属半知菌亚门，轮枝孢属真菌。

初侵染外围叶片、叶柄产生黑褐色长条形病斑，叶片失去生气和光泽，从叶缘和叶脉间开始变成黄褐色萎蔫，干燥时枯死。新嫩叶片感病表现无生气，变灰绿或淡褐色下垂，继而从下部叶片开始变成青枯状萎蔫直至整株枯死。被害株叶柄、果梗和根茎横切面可见维管束的部分或全部变褐，根在发病初期无异常。病株死亡后地上部分变黑

褐色腐败。当病株下部叶子变黄褐色时，根便变成黑褐色而腐败。有时植株的一侧发病，而另一侧健康，呈现所谓“半身凋萎”症状。病株基本不结果或果实不膨大。夏季高温季节不发病。心叶不畸形黄化，中心柱维管束不变红褐色。

3. 发病规律 病菌在寄主病残体内以菌丝体或厚壁孢子或拟菌核在土中越冬，一般可存活6~8年，带菌土壤是病害侵染的主要来源。病菌从草莓根部侵入，并在维管束里移动上升扩展引起发病。母株体内病菌还可沿匍匐茎扩展到子株，引起子株发病。当气温在20~25℃之间的多雨夏季，此病发生严重，28℃以上停止发病。在病田育苗、采苗或在重茬地茄科黄萎病地定植发病均重。在发病地上种植水稻，保持水渍状态时虽不能根除此病，但可以减轻为害。

4. 防治方法 （1）实行3年以上轮作制，避免连作重茬。（2）清除病残体，及时销毁。（3）利用氯化苦或太阳能消毒土壤。（4）栽种无病健壮秧苗。无病母株可采用空间采苗方式获得，即在匍匐茎的先端着地以前就切取，插入无病土壤中，使其生根，作为母株利用育苗即可。（5）选用宝交早生、新明星等抗病品种。（6）移栽时用20%苯来特1 000~2 000倍液，或70%甲基托布津300~500倍液浸根或栽后灌根。

十八、草莓枯萎病

1. 分布为害 草莓枯萎病主要分布在美国、日本、澳大利亚和中国。主要为害根部，病株黄矮，重者枯死。

枯萎状

2. 病原及症状 病原 *Fusarum oxysporium* Schl.f.sp.*fragariae* Winks et Willams，为半知菌亚门，瘤座菌科的尖孢镰刀菌草莓专化型。

草莓枯萎病多在苗期或开花至收获期发病。初期仅心叶变黄绿或黄色，有的卷缩或呈波状产生畸形叶，致病株叶片失去光泽，植株生长衰弱，在3片小叶中往往有1～2片畸形或变狭小硬化，且多发生在一侧。老叶呈紫红色萎蔫，后叶片枯黄，最后全株枯死。受害轻的病株症状有时会消失，而被害株的根冠部、叶柄、果梗维管束都变成褐色至黑褐色。根部变褐后纵剖镜检可见长的菌丝。轻病株结果减少，果实不能正常膨大，品质变劣和减产，匍匐茎明显减少。枯萎与黄萎近似，但枯萎心叶黄化，卷缩或畸形，且主要发生在高温期。

3. 发病规律 本病通过病株和病土传播。主要以菌丝体和厚垣孢子随病残体遗落土中或在未腐熟的带菌肥料及种子上越冬。病菌在病株分苗时进行传播蔓延，当草莓移栽时厚垣孢子发芽，病菌从根部自然裂口或伤口侵入，在根茎维管束内进行繁殖、生长发育，形成小型分生孢子，并在导管中移动、增殖，通过堵塞维管束和分泌毒素，破坏植株正常输导机能而引起萎蔫。连作或土质黏重、地势低洼、排水不良都会使病害加重。

4. 防治方法 （1）对秧苗要进行检疫，建立无病苗圃，从无病田分苗，栽植无病苗。（2）栽植草莓田与禾本科作物进行3年以上轮作，最好能与水稻等水田作物轮作，效果更好。（3）提倡施用酵素菌沤制的堆肥。（4）选用抗病品种。如新明星、福羽、丰香、春香等。（5）发现病株及时拔除集中烧毁，病穴用生石灰消毒。重茬田于定植前每100米^{2}用氯化苦3升打眼薰蒸消毒，施药后以塑料薄膜覆盖，7天后种植。（6）6月中旬开始用50%多菌灵可湿性粉剂600～700倍液，或70%代森锰锌500倍液，50%苯菌灵可湿性粉剂500倍液喷淋茎基部，隔15天左右1次，共防5～6次。（7）用20%甲基托布津300～500倍液浸苗5分钟后再定植，或用药液灌根消毒。

十九、草莓芽枯病

1. 分布为害 本病亦称草莓立枯病，为世界性分布的土壤真菌病害，在土壤中腐生性很强，是多种作物的重要根部病害，除草莓外，还为害棉花、大豆、蔬菜等160余种栽培植物和野生植物。在草莓上主要为害蕾、新芽、托叶和叶柄基部，引起苗期立枯，成株期茎叶腐败，根腐和烂果等。

2. 病原及症状 *Rhizoctonia solani* Kuhn属半知菌亚门的丝核菌，有性阶段为担子菌亚门，薄膜革菌属的*Pellicularia filamentosa*。

植株基部发病在近地面部分初生无光泽褐斑，逐渐凹陷，并长出米黄至淡褐色蛛巢状菌丝体，有时能把几个叶片缀连在一起，侵害叶柄基部和托叶时，病部干缩直立叶片青枯倒垂。开花前受害，使花序失去生气并逐渐青枯萎倒，急性发病时呈猝倒状。蕾和新芽染病后逐渐萎蔫。呈青枯状或猝倒，后变黑褐色枯死。茎基部和根受害皮层腐

烂，地上部干枯容易拔起。从幼果、青果到熟果都可受到*Pellicularia filamentosa*侵害，被害果病部表面出现暗褐色不规则形斑块、僵硬，最终全果干腐，故又称草莓干腐病。温度高时可长出上述菌丝体，已着色的浆果发病，病部变褐，其外围常发生较宽的褐色白带，红色部分略转胭脂红色，色彩对比强烈鲜艳，引起湿腐或干腐，但不长灰色霉状物，是与灰霉果腐病区别之处。

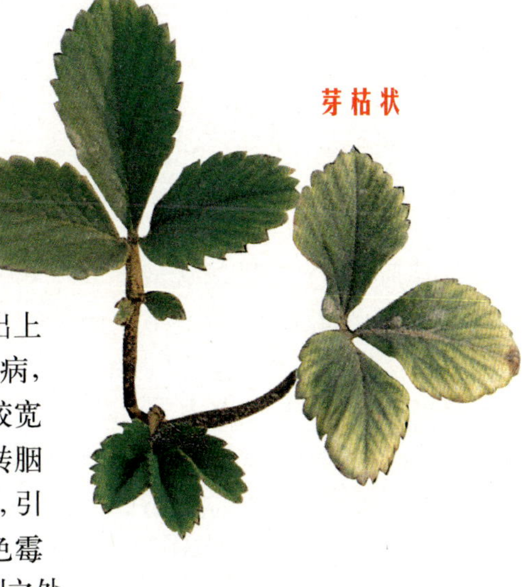

芽枯状

3. 发病规律 病菌以菌丝体或菌核随病残体在土壤中越冬，但没有合适寄主时可在土壤中生活2~3年。可以病苗、病土传播，栽植草莓苗遇有该菌侵染即可发病。病菌的适温为22~25℃，几乎在草莓整个生长期都可发病。气温低及遇有连阴雨天气易发病，寒流侵袭或温度过高发病重。冬春棚室等保护地栽培时，密闭时间长、室温高而换气放风不及时，发病早而严重。露地草莓栽植过深，枝叶过于繁茂，灌水过多或园田淹水，病害加重。

4. 防治方法 （1）合理密植，防止过密栽培。（2）大棚和温室保护地栽培草莓要适时适量放风。合理灌溉，浇水宜安排在上午，浇后迅速放风降湿，防止湿气滞留，并尽量增加光照。（3）草莓现蕾后开始喷淋有效霉素600倍液，或10%立枯灵水悬剂300倍液，或10%多抗霉素可湿性粉剂500~1 000倍液，7天左右1次，共喷2~3次。（4）芽枯病与灰霉病混合发生时，可喷洒50%速克灵可湿性粉剂2 000倍液，或65%甲霉灵（硫菌霉威）可湿性粉剂1 500倍液。采收前3天停止用药。

二十、草莓菌核病

1. 分布为害 主要分布在有温室、大棚和小拱棚栽培地区。主要为害草莓的叶柄、新芽、果梗和果实。是保护地草莓烂果的主要病害之一。

2. 病原及症状 菌核病菌 *Sclerotinia sclerotiorum* (Lib.) Massee,一般称油菜菌核病菌,为子囊菌亚门,核盘孢属真菌,与黄瓜、莴苣等菌核病是同一个菌种。主要在冬春低温时期侵染发病,叶柄、新芽、果梗、果实被侵染发病后变褐腐败,并在病部长出绒密的棉毛状菌丝体,最后形成不规则黑色鼠粪状菌核,重病株常可腐败致死。

3. 发病规律 主要以菌核在土壤中渡过不良环境,在春秋季萌发时产生蘑菇状子囊盘,释放出大量子囊孢子,经空气传播侵染发病。也可由菌核产生菌丝直接进行侵染和蔓延,田间菌核在夏季浸水3~4个月后死亡,但在旱田的地面上能存活2~3年。菌核病菌属低温性,发病适温为10~15℃,遇上连续几天10℃以下低温,则寄主抵抗力下降,发病明显加重,保护地内湿度大,低温导致茎叶结露,对侵染发病有利。

果被害状

4. 防治方法 (1)实行草莓田与水稻田轮作,可减轻发病。(2)可实行高垄栽植,在保护地栽培时要控制栽植密度,避免植株郁闭,控制分蘖,及时剪除下部老叶,促进通风透光。垄栽草莓要加盖地膜,仅把植株露出膜外,以地膜阻隔土壤中的水分蒸发并适当控制灌水,减少室内空气湿度。低温期要调节好温度,注意通气降湿。(3)应在病株形成菌核前拔除销毁。(4)在发病初期用40%菌核

净可湿性粉剂500倍液，或50%农利灵（乙烯菌核利）可湿性粉剂1 000~1 500倍液，50%速克灵可湿性粉剂1 500倍液，50%扑海因可湿性粉剂1 500倍液，50%苯菌灵可湿性粉剂1 500倍液喷洒。或于发病初期公顷用10%速克灵烟熏剂3.75~4.5千克熏一夜，也可于傍晚喷撒5%百菌清粉尘剂，或10%来克粉尘剂，每公顷15千克，隔7~10天1次。

二十一、草莓线虫病

1.分布为害　为害草莓的线虫种类很多，世界各地几乎都有一些广布的种类或当地特有的种类在影响着草莓的生长。草莓线虫对草莓的为害通常是一种暗害，大多只在根部或生长点附近寄生，一般仅导致生长衰弱，但在许多地区对产量有显著的影响。

2.病原及症状　目前世界上已知可侵害草莓的线虫有40多种，草莓受线虫为害使植株生命力降低，易受真菌、细菌等病原物的侵染，其中细长针线虫、裂尾剑线虫还可传播病毒。侵害草莓的线虫种类不同，侵害部位不同，症状表现也不同。大体上可归纳为矮化、变形变色、枯叶、衰弱等几个类型。各种根腐线虫在根部侵染，到一定程度时，地上部表现衰弱和退化症状，可使根部组织受到不同程度的破坏、腐烂或根结。

3.发病规律　草莓芽线虫主要在草莓芽上寄生，条件不适合时进入土壤中生活，或深入到芽内，当植株上出现水膜时，它又继续生长发育，在芽生长点附近的表皮组织上营外寄生生活，刺破表皮组织吸食汁液，定植后使新生叶变小畸形，株型矮缩。线虫能在枯叶中休眠和存活两年以上，当病叶湿润时即可复苏活动。各种线虫主要是通过种苗和有线虫的土壤及枯枝落叶、雨水、灌水、耕作工具等传播的。一般重茬地和轻砂壤地受害较重。

4.防治方法　（1）选择无病区育苗并严格实施检疫，注意轮作倒茬，消除田间野生寄主如三叶草、狗尾草、黑麦草、风车草、蕨类、荞麦、苜蓿等。（2）栽前用氯化苦熏蒸处理土壤，或用3%呋喃丹颗粒剂每公顷45～75千克撒施，或用10%力满库每公顷30～60千克撒施，或用10%克线丹颗粒剂每公顷22.5～45千克撒施之后锄入土中5～10厘米，栽后浇水。(3)用热水处理秧苗，即将秧苗在35℃水中预热10分钟，然后放在45～46℃热水中浸泡10分钟，提出冷却后栽植。

对草莓为害最严重的几种线虫病分述如下:

(1)草莓茎线虫病：在草莓体内寄生和繁殖，在一个植株体内可以生存几个至几千个虫体，寄生于地上部所有器官，其中包括浆果，感染后可使草莓叶柄隆起，花萼短、厚、卷，花茎和匍匐茎短粗，叶片发皱，叶扭曲变形，花和果实部位形成虫瘿，花和浆果畸形，植株矮化。草莓茎线虫在春天和秋天症状最明显，在潮湿阴冷的天气为害最重，产量损失可达85%。由于内寄生，线虫一般在变形的病组织中发育，到了4龄期线虫对干旱抵抗力强，线虫群集在干旱的组织中可存活数年。

茎线虫病

(2)草莓线虫病：主要为害芽和叶部，一般可使草莓减产30%～50%。病原线虫为*Aphelenchoides fragariae*，其次是*A.besseyi*，在

局部地区 *A.ritzemabosi* 也很重要。主要寄生于草莓叶腋及芽部，在正常发育的芽和叶表面取食。当叶片展开后表现出皱缩、扭曲，而且比正常叶小。线虫取食过程中还破坏花芽，引起果实产量严重下降。当线虫与病原菌交互感染时常使植株地上部矮化，短茎缩成大约1厘米高且强烈膨大和多分枝，形成大量新芽，致使花蕾凑在一起形似“花甘蓝”；有的表现为叶柄变细，没有绒毛，呈紫红色；有的表现为叶丛中央的叶片发育不足，形成没有叶片的叶子，呈锥状。草莓线虫在草莓芽里发育，有典型的4个龄期，大约两周内完成一次循环。线虫在土壤中和植物残体中越冬或抵抗逆境，时间一般可达2～3个月。要注意采用无病苗株栽植。栽植前可用热水处理休眠母株，并要注意及时防除草莓田杂草消除野生寄主。

线虫病

（3）草莓芽线虫病：寄生部位和为害症状与草莓线虫很相似。在夏天的匍匐茎和苗上，以及定植后的植株或收获后的母株上面，几乎在每个发育阶段都有所发现。症状特征是：被害程度轻的，新叶扭曲成畸形，叶色变浓，光泽增加。症状加重，则植株萎蔫，芽和叶柄变成黄色或红色，往往可见到所谓“草莓红芽”的症状。即使主芽受到侵害，而腋芽还可生长，形成大量新芽。花芽受侵害后，轻者使发生的花蕾、花的萼片及花瓣变成畸形，重者花芽变成了“光头”，最后退化、消失。

寄生部位主要在叶腋和芽部以及花、花蕾、花托等，全部为外寄生。芽线虫主要靠由被害母株发生的匍匐茎进行传播，被害株发生的

芽线虫病

匍匐茎上几乎都有线虫，从而传给子株，随秧苗扩展到更大范围。线虫也可以靠雨水和灌水游出，移到其他植株上。如果在发病田里进行连作，则土中残留的线虫也移向健株为害。

（4）草莓根结线虫病：受害植株根系有很小的根结，侧生营养根增生，根系不发达，地上部生长弱，叶变黄，植株萎缩而枯死，病原线虫以 *Meloidogyne hapla* 为主，局部地区由 *M.javanica* 或 *M.incognita* 引起。根结线虫卵经孵化后，幼虫便自草莓幼根顶端侵入须根组织中，并在其中吸收根系养分，条件适

根结线虫病

宜时，25～30天可发生1次，1年可发生数代。防治草莓根结线虫首先要在栽植草莓时注意选择无根结线虫的苗株和田块，如果植前发现园土中含有病原线虫，要在植前和植后用杀线剂彻底处理。

（5）草莓根腐线虫病：在保护地栽培中，特别是在砂壤土和连作的保护地栽培条件下容易发生根腐线虫病。病原线虫主要由短体线虫属引起，其中世界性分布为害最重发生最广的种是 *Pratylenchus penetrans*。根腐线虫病发病初期叶缘变红褐色，以后整个叶呈紫褐色，严重时植株凋萎枯死。幼株根坚硬、变褐，成株根上有椭圆形病斑，黄褐色到黑褐色。

根腐线虫病

二十二、草莓病毒病

草莓病毒病可由多种病毒单独或复合侵染引起，特别是感染单种

病毒，大多症状不显著，或者难以看出什么症状，称为隐症，而表现出症状者多为长势衰弱、退化，如新叶展开不充分，叶片小型化，无光泽，叶片变色，群体矮化，坐果少，果形小，产量低，生长不良，品质变劣，含糖量降低，含酸量增加，甚至不结果。复合感染时，由于毒源不同，表现症状各异。草莓斑驳病毒（SMoV）在指示植物野生草莓（*Fragaria yesca*）上植株明显矮化，叶片缩小、畸形，叶面皱缩，叶色褪绿，或出现直径2毫米左右黄色不规则小斑。轻型黄边病毒（SMYEV）则表现为幼叶黄色斑驳，边缘褪绿，后逐渐变为红色，终至枯死。皱缩病毒（SCrV)则表现为叶扭、叶小、皱缩等。草莓镶脉病毒（SVBV）主要表现为卷叶、镶脉及坏死等。

国内生产上已造成损失的几种主要草莓病毒病分述如下:

（一）草莓轻型黄边病毒（strawberry mild yellow edge virus）

1. 分布为害 草莓轻型黄边病为世界性分布。草莓轻型黄边病毒常与斑驳、皱缩、镶脉病毒复合侵染，使草莓的长势锐减，产量和果实质量严重下降，减产可高达75%。

2. 病原及症状 马丁等（1982）在感染草莓轻型黄边病毒的草莓病组织提取液中，发现有球状病毒粒体，直径为23纳米。草莓轻型黄边病毒单独侵染栽培种草莓时，无明显症状，仅致病株轻微矮化。与其他病毒复合侵染，引起黄化或叶缘失绿，植株生长和产量严重减少。

该病毒在林丛草莓UC6上无症状，在EMC、UC4、UC5或Alpine及深红草莓UC10、UC11上弱毒株系侵染，幼叶产生褪绿斑驳，叶片边缘失绿或卷曲呈杯状，植株长势衰退或矮化。强毒株系侵染，幼叶反卷，产生褪绿黄斑。成熟叶片产生坏死条斑或叶脉坏死、扭曲，致整个

叶被害状

叶片枯死。叶柄短缩，植株矮化，老叶提早变红或枯死。与斑驳病毒、皱缩病毒复合侵染时，形成综合型黄化症，叶片黄边，皱缩、扭曲，幼叶褪绿，老叶变红枯死。严重时全株枯死。

3. 发病规律　主要通过蚜虫传播，也可通过嫁接传染，但不能通过种子或花粉传染。蚜虫为持久性传毒，草莓钉毛蚜得毒饲育时间为8小时，接毒饲育时间为6小时。虫体内循回期为24～40小时，接毒15～30天后才表现症状。

4. 防治方法　栽培无病毒种苗，防治传毒蚜虫，定期换种是防治草莓轻型黄边病的主要途径。该病毒的脱毒方法主要有热处理与茎尖培养结合法、花药培养法两种。单独用热治疗法或茎尖培养法很难脱除。

（二）草莓斑驳病毒（strawberry mottle virus）

1. 分布为害　草莓斑驳病毒分布极广，世界各地凡有草莓栽培的地方几乎都有分布。此病毒单独侵染栽培种草莓时往往不表现明显症状，但病株长势衰退，果实品质下降，一般减产20%～30%。若与其他病毒混合侵染，减产幅度更大。

2. 病原及症状　在感染草莓斑驳病毒的林丛草莓叶片中，超薄切片电镜观察到球状病毒粒体，直径25～30纳米，但该病毒至今尚未分离纯化。在林丛草莓（*Fragaria vesca* Alpine）和UC1上，弱毒株系侵染，病株叶片出现黄白色不整形褪绿斑驳；强毒株系侵染，病株矮化，叶片变小，扭曲，呈丛簇状，叶脉透明，脉序混乱。

叶被害状

3. 发病规律　草莓斑驳病主要通过蚜虫和嫁接传播。传毒蚜虫共有12种，其中主要有草

莓钉毛蚜、托马斯毛管蚜和小毛管蚜。花毛管蚜的传毒效率也较高，但该蚜虫的发生仅局限于美国加州。在人工试验条件下，草莓斑驳病毒可通过嫁接、蚜虫传染，也可通过菟丝子和汁液机械传染，但不能通过种子或花粉传染。草莓斑驳病毒为非持久型蚜传病毒，蚜虫得毒和传毒时间很短，仅为数分钟，但时间增长，传毒效率增高。病毒在蚜虫体内无循回期。蚜虫在数小时内失去传毒能力。

4. 防治方法 栽植无病毒草莓，喷药治蚜，隔离种植或定期换种是防治草莓斑驳病的根本对策。草莓斑驳病毒耐热性较弱，用37～38℃恒温处理10～14天可脱除病毒。据日本（1985）报道，用1 000倍除虫菊酯防治，草莓斑驳病毒侵染率可减少到15.4%，而对照侵染率为86.4%。

（三）草莓皱缩病毒（strawberry crinkle virus）

1. 分布为害 该病在世界各地几乎都有分布，它是草莓上危害性最大的病毒病。强毒株系单独侵染时，严重降低草莓的长势和产量，植株矮化，一般减产35%～40%。弱毒株系单独侵染，也使草莓匍匐茎的数量减少，繁殖力下降，果实变小。皱缩病毒与其他病毒复合侵染，危害更为严重，草莓产量大幅度下降甚至绝产。

2. 病原及症状 用感染草莓皱缩病毒的栽培草莓花瓣、野生草莓叶片，以及花毛管蚜组织的超薄切片，在电镜下观察到弹状病毒粒体。草莓皱缩病的症状因病毒株系及寄主种类不同而异。

（1）栽培种：许多感病品种，如Hood等，即使感染弱毒株系，也表现明显症状。有些品种如Shasta等，即使感染强毒株系，也不显现任何症状。在感病品种上的典型症状为叶片畸形、叶上产生褪绿斑，沿叶脉出现小的、不规则褪绿斑及坏死斑，叶脉褪绿及透明。幼叶生长不对称，扭曲及皱缩，小叶黄化。叶柄缩短，叶片变小，植株矮化。

（2）指示种：在林丛草莓UC-1、UC-4、UC-5、UC-6、Alpine和深红草莓M_1、UC-10、UC-11、UC-12上，叶片上产生褪绿斑，叶片大小不等，扭曲变形，叶柄上产生褐色或黑色坏死斑，花瓣上产生暗色条纹或黑色坏死条斑。

3. **发病规律** 草莓皱缩病主要由蚜虫传播，也可通过嫁接传染，但不能通过汁液传染。主要传毒蚜虫为草莓钉毛蚜，花毛管蚜也是它的传毒介体，但该蚜虫仅发生于美国加州野生草莓上。皱缩病毒与蚜虫的关系属持久性。草莓钉毛蚜得毒饲育时间为24小时，病毒在蚜虫体内的循回期10～19天，接毒饲育后，经4～8周的潜伏期才表现症状。蚜虫得毒后，能在数天内保持传毒能力。

叶被害状

叶被害状

4. **防治方法** 栽培无病毒种苗和防治蚜虫是防治草莓皱缩病的重要措施。在38℃下恒温热处理数月，或在35～41℃下变温热处理数周、茎尖培养及热处理（38℃，6～7周）与茎尖培养（0.5～0.6毫米）结合脱毒，均可获得无皱缩病毒的母株。

（四）草莓镶脉病毒(strawberry vein banding virus)

1. **分布为害** 草莓镶脉病毒早期主要分布在美国和加拿大，以后随着草莓引种，传播到澳大利亚、巴西、日本和欧洲各国。此病毒侵染，导致植株生长衰弱，匍匐茎量减少，产量和品质下降，与草莓皱缩病毒或潜隐病毒C复合侵染危害更大。

2. **病原及症状** 草莓镶脉病毒是花椰菜花叶病毒组的成员之一。病毒粒体球形，在病叶维管束细胞质内有内含体，椭圆形。草莓镶脉病毒单独侵染栽培种草莓时，无明显症状，但对草莓生长和结果有影响。与斑驳病毒或轻型黄边病毒复合侵染后，病株叶片皱缩、扭曲，植株极度矮化。

叶被害状

草莓镶脉病毒在林丛草莓（*F.vesca* Alpine）、UC-6和深红草莓（*F.vinginiana*）UC-12上主要表现有卷叶、镶脉及坏死3种类型的症状。①卷叶：小叶向背面反卷，植株矮化。镶脉病毒与皱缩病毒复合侵染，卷叶症状加重。②镶脉：发病初期，病叶沿主脉及次脉产生褪绿条斑，之后，形成黄色条纹或条斑。③坏死：发生在成熟叶片上。网脉变黑或坏死，脉间组织褪绿或坏死。后期部分或全部枯死。

3. 发病规律 草莓镶脉病毒主要由蚜虫传播，嫁接和菟丝子也能传染，但不能汁液传染。主要传毒蚜虫有草莓钉毛蚜、托马斯毛管蚜、花毛管蚜及 *Myzus ornatus* 等10余种。不同种的蚜虫具有传毒专化性，只能传播镶脉病毒的不同株系。蚜虫为半持久性传毒。

4. 防治方法 培育和栽培无病毒种苗是防治草莓镶脉病的有效措施。在42℃下热处理10天，或茎尖培养，或在37℃下处理6周后再进行茎尖培养均可获得无镶脉病毒的母株。

（五）草莓丛枝病（strawberry witches broom）

1. 分布为害 在中国沈阳郊区已发现草莓丛枝病。

2. 病原及症状 mycoplasma-like organism，称类菌原体。集中分布在寄主韧皮部组织里。

我国栽培的春香、宝交早生等感病株，表现为植株变黄，出现丛枝，花瓣变小，发绿，花整个或部分不育，全株矮缩，匍匐茎极端短缩，使子株与母株紧密相连，叶小，叶柄长。有的虽能结果，但果实畸形，僵缩褪色，严重影响产量和品质。

3. 发病规律 草莓丛枝病类菌原体寄主范围较广，由东方叶蝉（*Macrosteles orientalis*）接种传毒，能侵染菊科的翠菊、金盏花和篙、十字花科的芜菁、藜科的菠菜、百合科洋葱、栗科花菱草等约12科26种植物。

4. 防治方法 （1）把病芽放在四环素溶液内，浓度为1 000单位/毫升，浸2小时，用清水洗净后，采用小芽腹接法嫁接在健康草莓上，防效优异。（2）生产上发现该病时，可在发病初期用医用四环素或土霉素溶液4 000倍液喷洒或灌根，隔10天左右1次，连防2～3次，效果较好。（3）通过检疫，避免本病传播。注意防治叶蝉，发现病株及时拔除销毁。

附：草莓病毒病的脱毒方法及无病毒苗的繁殖技术

1. 热疗法 热治疗法是最早应用于培育各种营养繁殖植物无病毒母株的有效方法。采用恒温或变温的热空气处理带毒母株，脱毒效果

较好，草莓的热治疗温度一般为37～38℃恒温或35～38℃变温处理，变温处理可延长草莓在处理中的寿命，减少热处理中植株的死亡现象。热处理中相对湿度保持在70%～80%，光照5 000勒克斯，一昼夜照明16小时。热处理后，取抽出的匍匐茎，从顶端切取长约1.5～2.0厘米，扦插在蛭石或珍珠岩中，在相对湿度85%以上，温度15～25℃条件下，扦插10～15天后即可生根，移栽成活率可达80%～100%，成活的的母株应用对病毒敏感的指示植物重复检验2～3次，以确保无病毒。此法可脱草莓斑驳病毒和草莓皱缩病毒，但草莓镶脉病毒和草莓轻型黄边病毒耐高温，不易杀灭，必须再进行幼嫩茎尖组织培养才能脱除。

2. 茎尖组织培养脱毒法　在解剖镜下，把有2个叶原基的0.2毫米厚的茎尖切片，以无菌操作方法放到培养液试管内的滤纸板上或固体培养基上，在适度光照和温度下培养几个月，可长成无毒小种苗，如果把热治疗和茎尖组织培养脱毒结合起来应用，或在组织培养所用培养基里加入病毒抑制剂（氰基胍、烷基磺酸盐、2-硫脲嘧啶），脱毒效果可大大提高。病毒抑制剂加入量以不影响茎尖正常生长为限。但是茎尖组织培养后获得的植株不一定完全无毒，还必须经病毒检测无毒后再进行继代繁殖，这样可迅速培养大批无毒原种秧苗。

3. 花药培养法　采集草莓现蕾后长到4～6毫米大小的单核期花蕾，在无菌条件下，经过消毒后剥取花药进行培养，诱导产生愈伤组织，再由愈伤组织形成不定芽，最后分化出带有茎叶的独立个体。花药培养的优点是从愈伤组织形成到分化出茎叶过程中，可以脱除病毒，因此由花药产生的个体，获得无病毒的机率较高。此方法虽常有发生变异，但变异率较小，仅占3%左右，而变异株系多属高产类型。所以花药培养苗在病毒种类不清和缺乏指示植物鉴定等条件下，是可以用来培育无毒苗的。为了保持草莓的优良种性，最好先在小面积上隔离定植，待结果后选出其中具有优良特性的植株，单独进行营养繁殖，然后再扩大栽培。

4. 无病毒苗的繁殖　在无病毒苗繁殖过程中，最重要的是防止再感染。首先是试管苗在训化过程中，所用基质必须用蒸汽或用药剂消毒，以防治土壤病菌和线虫。其次是防止病毒介体——叶蝉和蚜虫传

毒，对原种苗仅仅喷药防治是不够的，需要用网室进行隔离。二级种苗必须选择草莓无病毒原种苗作母株，在隔离条件下的专用苗圃内进行繁殖，苗圃和周围草莓园隔离至少2公里。苗圃的土壤要经过氯化苦等农药消毒。避免在栽过草莓的地块重茬繁殖无毒苗，并注意定期防治蚜虫。无病毒原种苗可供繁殖3年，以后再繁殖，则需重复鉴定，确认仍无病毒后方可继续进行繁殖。无病毒草莓苗的繁殖主要采用匍匐茎繁殖法。该法具有分生量大、速度快、苗质量好等特点。匍匐茎发生始期在5月下旬，发生高峰在6月至7月上中旬，一直延续到8月中下旬，一般一年中能发生6~7代匍匐茎子株。为获得较多的健壮匍匐茎苗，在匍匐茎发生前期需加强水肥管理，加速匍匐茎繁殖，促进匍匐茎健壮生长。后期则要进行控制，以保证匍匐茎苗的质量。管理措施主要有：①匍匐茎发生前期，灌水后用小锄松土与除草，大量发生期，人工拔除杂草。②进行疏花，最好全疏，即掐去整个花序。③对母株从基部培土，培土厚度以埋上新根而露出苗心为准。抑制办法是从8月下旬开始喷布青鲜素1 000毫克/千克或0.6%~1.2%矮壮素。无病毒苗的繁殖程序为：生长点培养→病毒检验→原种种苗培养→原种种苗繁殖（以上需网室隔离）→二级种苗繁殖→生产者繁殖→栽培（以上需空间隔离）。

二十三、生理性病害

（一）草莓心叶日灼症

1. 症状　主要是中心嫩叶在初展或未展之时叶缘急性干枯死亡，干死部分褐色或黑褐色。由于叶缘细胞死亡，而其他部分细胞迅速长大，所以受害叶片多数像翻转的酒杯或汤匙，受害叶片明显变小。

2. 病因 受害株根系发育较差，新叶过于柔嫩，特别是雨后暴晴，叶片蒸腾，实是一种被动保护反应，但可削弱草莓的生长势，在中北纬度光照好的地区更易发生。另一种是经常喷洒赤霉素，阻碍根的发育，加重发病。

3. 防治方法 （1）栽健壮秧苗，在土层深厚的田块种草莓，以利根系发育。（2）高温干旱季节之前在根际适当培土保护根系。（3）慎用赤霉素，特别在干旱高温期要少用赤霉素。

（二）草莓生理性白化叶

1. 症状 叶片上出现不规则、大小不等的白色斑纹，白斑部分包括叶脉完全失绿，但细胞依然存活。

白斑通常在细胞尚未充分长大时出现，此时叶面出现局部由绿褪白，细胞停止生长，而绿色部分仍正常生长，因此造成叶片扭曲、畸形。发病早的，叶片和株形严重变小，病株系统发病，可由母株经匍

白化叶

匐茎传给子株，子株发病常重于母株，重病子株常极度畸小，不能展叶，光合能力下降或基本丧失，根部生长发育极差，越冬期间极易死亡。秋季发病最重。

2. 病因　某些方面具有病毒感染的特征。

3. 防治方法　发现病株立即拔除，不能作母株繁苗使用，不栽病苗，选用抗病品种。

（三）草莓生理性白果

1. 症状　浆果成熟期褪绿后不能正常着色，全部或部分果面呈白色或淡黄白色，界限鲜明，白色部分种子周围常有一圈红色。病果味淡、质软、果肉呈杂色、粉红色或白色，很快腐败。

2. 病因　低光照和低糖是引起白果病的主要原因，浆果中含糖量低和磷钾元素不足易导致此病发生。施氮肥过多植株生长过旺的田块，着果多而叶片生育不良的植株，以及果实中可溶性固形物含量低的品种如一些美国品种等容易发生白果病。如结果期天气温暖而着色期冷凉多阴雨，则发病加重。

3. 防治方法　(1) 多施有机肥和完全肥，不过多偏施氮肥。(2) 选

生理性白果

叶烧

用适合当地生长的品种和含糖量较高的品种。(3) 采用保护地栽培，适当调控温湿度。

(四) 草莓生理性叶烧

1. 症状 在叶缘发生茶褐色干枯，一般在成龄叶片上出现，轻时仅在叶缘锯齿状部位发生，重时可使叶片的大半枯死。枯死斑色泽均匀，表面干净，无"V"型褐斑病、褐色轮斑病、叶枯病、褐角斑病、叶斑病等侵染性病害所特有的症状。一般雨后或灌水后旱情缓解，病情也随之缓解和停止发展。

2. 病因 春夏干旱高温，叶片失水过多，叶缘缺水枯死，或施肥过量，土壤水分浓度过高，根系吸水困难导致植物体严重缺水也会发生这种叶烧病状。天旱高温病情加重。

3. 防治方法 (1) 根据天气干旱情况和土壤水分含量情况适时补充土壤水分。(2) 不过量猛施肥料，施肥后要及时灌水。

(五) 草莓冻害

1. 症状 一般在秋冬和初春期间气温骤降时发生，有的叶片部分冻死干枯，有的花蕊和柱头受冻后柱头向上隆起干缩，花蕊变黑褐死亡，幼果停止发育干枯僵死。

2. 病因 越冬时绿色叶片在-8℃以下的低温中可大量冻死，影响花芽的形成、发育和来年的开花结果。在花蕾和开花期出现-2℃以下的低温，雌蕊和柱头即发生冻害。通常是越冬前降温过快而使叶片受冻；而早春回温过快，促使植株萌动生长和抽蕾开花，这时如果有寒流来临冷空气突然袭击骤然降温。即使气温不低于0℃，由于温差过大，花器抗寒力极弱，突然降温不仅使花朵不能正常发育，往往还会使花蕊受冻变黑死亡。花瓣常出现紫红色，严重时叶片也会受冻呈片

状干卷枯死。

3. 防治方法　(1) 晚秋控制植株徒长，冬前浇冻水，越冬及时覆盖防寒。(2) 早春不要过早去除覆盖物，在初花期于寒流来临之前要及时加盖地膜防寒或熏烟防晚霜危害。

(六) 草莓畸形果

1. 症状　果实过肥或过瘦，有的呈鸡冠状或扁平状或凹凸不整等形状。

2. 病因　一是品种本身育性不高，雄蕊发育不良，雌性器官育性不一致，导致授粉不完全引起的；二是棚室内授粉昆虫少或由于阴雨低温等不良环境影响导致授粉昆虫少或花朵中花蜜和糖分含量低，不能吸引昆虫授粉；三是开花授粉期温度不适、光线不足、湿度过大等情况出现，导致花器发育受到影响或花粉稔性下降，花粉开裂和花粉发芽受到影响，遮光和短日照也会使不稔花粉缓慢增加，出现受精障

畸形果

碍；四是田间温度低于0℃或高于35℃，花粉及雌蕊受到较大伤害而影响授粉；五是草莓在棚温22～25℃条件下，授粉后半小时，花粉管若开始伸长，4小时到达子房，6小时伸展到整个子房，生产中在花粉管伸长到花柱的途中，或刚达子房时喷洒灭螨猛（Morestan）、敌螨普（Karathane）、胺磺铜（DBEDC）等药剂致雌蕊褐变，以后即使授以正常花粉，也多形成严重的畸形果或不受精果，所以雌蕊障碍是产生畸形果的重要原因之一。

3. **防治方法** （1）选育花粉量多、耐低温、畸形果少、育性高的品种，如春香、丽红、丰香、宝交早生、红衣等。（2）改善栽培管理条件，排除花器发育受到障碍的因素，尽量将温度控制在10～30℃之间，开花期相对湿度控制在60%以下，白天防止35℃以上高温出现，夜间防止5℃以下的低温出现。提高花粉的稔性，减少畸形果发生。（3）防治白粉病等病虫害的药剂应在开花6小时受精结束以后再喷洒有利于防止草莓产生畸形果。（4）花期放蜂加强昆虫授粉。大棚低温期开的花，通过放蜂进行异花授粉防止畸形果产生效果很好。一般每个标准棚放蜂5 000只，只要温湿度合适，可使授粉率高达100%。

第二章 主要虫害及其防治

一、古毒蛾

1. 分布为害 在中国东北、华北、西北、西南地区都有分布。主要为害草莓、苹果、梨、山楂、李、榛、杨、柳、桦、松、花生、大豆等。幼龄幼虫主要食害嫩芽、幼叶和叶肉，幼虫食叶呈缺刻和孔洞，严重时把叶片食光。

2. 形态特征 学名 *Orgyia antiqua* Linnaeus，别名落叶松毒蛾、缨尾毛虫、褐纹毒蛾、桦纹毒蛾。属鳞翅目，毒蛾科。

成虫：雌蛾纺锤形，体长 10 ~ 20 毫米，头胸部较小，体肥大，翅退化，仅有极小翅痕，体被灰黄色细茸毛，复眼球形，触角丝状，足被黄毛，爪腹面有短齿；雄体长 8 ~ 10 毫米，翅展 25 ~ 30 毫米，体锈褐色，触角羽状，前翅黄褐色。卵：圆形稍扁，直径约 0.9 毫米，白色或淡褐色，中央凹陷。幼虫：体长 25 ~ 36 毫米，头黑褐色，体黑灰色，有红、白灰纹，腹面浅黄，胴部有红色和淡黄色毛瘤，瘤上生黄色或黑色毛。前胸呈橘黄色，其两侧及第 8 腹节背面中央各有 1 对束状黑长毛，腹部第 1 ~ 4 节背面各有一黄白色刷状毛丛，第 1 和第 2 节侧面各有 1 束黑长毛。蛹：雄 10 ~ 12 毫米，锥形；雌 15 ~ 21 毫米，较细长，黑褐色，被灰白色茸毛。茧：丝质较薄，灰黄色，上有幼虫体毛和碎叶等杂物。

3. 发生规律 在北方年发生 1 ~ 3 代，以卵在茧内越冬。雌虫将卵产在茧内、茧上或茧附近，每雌产卵 150 ~ 300 粒。初孵幼虫 2 天后开始取食，群集于幼芽、嫩叶上取食，能吐丝下垂借风力传播。稍大分

幼虫及为害状

雌成虫和卵

雄成虫

散为害，多在夜间取食，常将叶片吃光，幼虫共5~6龄。老熟后结茧化蛹，8月前后蛹羽化出成虫经交尾后产卵越冬。

4. 防治方法 （1）冬春人工摘除卵块灭杀。（2）保护天敌，主要有小茧蜂、细蜂、姬蜂及寄生蝇等寄生性天敌50余种。（3）幼虫期药剂防治，发生初期喷洒10%吡虫啉可湿性粉剂1 500倍液，或25%功夫菊酯乳油2 000倍液，或25%灭幼脲3号2 000倍液。

二、茸毒蛾

1. 分布为害 主要分布在河北、山西、黑龙江、吉林、辽宁、山东、河南、陕西等地。茸毒蛾主要为害叶片，食量较大。除草莓外，还可为害山楂、李、苹果、梨、樱桃、桃、杏、蔷薇、泡桐、杨、柳、榆、悬钩子、紫藤以及各种草本植物。

2. 形态特征 学名*Dasychira pudibunda*（Linnaeus），别名苹叶纵纹毒蛾、苹毒蛾、苹红尾毒蛾。属鳞翅目，毒蛾科。

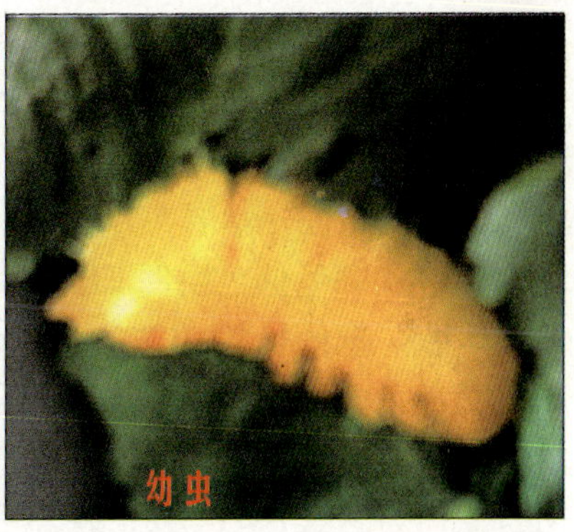

成虫：体长20毫米，雄蛾翅展35～45毫米，雌蛾翅展45～60毫米。头胸部灰褐色，触角双栉齿形，复眼周围黑色，中间密布黑褐色鳞片。前翅灰白色，布黑色和褐色鳞，后翅白色带黑褐色鳞。雄蛾体褐色，雌蛾色浅。卵：淡褐色，扁球形，中央有一凹陷。幼虫：体被黄色长毛，体长35～52毫米，头淡黄色，体近圆筒形，绿黄色或黄褐色。蛹：黄绿色至淡褐色，背面有较长毛束，腹面光滑。臀棘短圆锥形，末端有许多小钩。蛹化在黄褐色疏丝茧包中，上有幼虫毒毛。

3. 发生规律　茸毒蛾在东北每年发生1代，少数2代，以幼虫越冬。在陇海线至长江中下游每年发生3代，以蛹越冬，翌年4月中下旬羽化，第一代幼虫发生于5月至6月上旬，第二代幼虫6月下旬至8月上旬，第三代幼虫8月中旬至11月下旬，越冬代蛹期半年左右。成虫羽化当晚即可交配产卵，每块卵20～300粒，多的可达500～1 000粒。一二代卵可产于叶面上，越冬代卵多产在树枝干上。

4. 防治方法　（1）保护利用舞毒蛾黑瘤姬蜂、蚂蚁、食虫蝽类等天敌。（2）消灭越冬虫源。（3）大发生时用80%晶体敌百虫800倍液，或2.5%敌杀死3 000倍液，或80%乐果乳油800倍液，或25%灭幼脲3号2 000倍液喷洒防治。

三、小白纹毒蛾

1. 分布为害　分布在广东、云南、台湾等地。主要为害草莓、丝

瓜、芦笋、萝卜、桃、葡萄、柑橘、梨、杧果、茶、棉等70多种作物。初孵幼虫群集叶上，后逐渐分散，取食花蕊及叶片，叶片被食成缺刻或孔洞。

2. 形态特征 学名*Notolophus australis posticus* Walker，别名毛毛虫、刺毛虫、棉古毒蛾等。属鳞翅目，毒蛾科。

成虫：雄体长24毫米，黄褐色，前翅具暗色条纹；雌虫翅退化，全体黄白色，呈长椭圆形，体长约14毫米。卵：白色，光滑。幼虫：体长22~30毫米，头部红褐色，体部淡赤黄色，全身多处长有毛块，且头端两侧各具长毛1束，胸部两侧各有黄白毛束1对，尾端背方亦

生长1束毛。蛹：幼虫老熟后，在叶或枝间吐丝，结茧化蛹，蛹黄褐色。

3. 发生规律 台湾年发生8~9代，3~5月发生多，成虫羽化后因不善飞行，雌蛾常攀附在茧上，等待雄蛾飞来交尾，并把卵产在茧上。卵块上常覆有雌蛾体毛，初孵幼虫有群栖性，虫龄长大后开始分散，有时可见10余头幼虫聚在一起，老熟幼虫在叶或枝间吐丝作茧化蛹。茧上常覆有幼虫体毛，雄虫茧常小于雌虫茧。

4. 防治方法 参见古毒蛾。

四、肾纹毒蛾

1. 分布为害　主要分布在河北、山西、黑龙江、吉林、辽宁、江苏、安徽、福建、广西、湖南、湖北、河南、四川、云南、西藏等地，是草莓最主要毛虫之一。除草莓外，还为害豆类、花生、樱桃、苹果、山楂、醋栗、海棠、柿、紫藤、花卉、柳、榆、麦类、十字花科蔬菜等。田间发生为害期长，食量大，为害重。初孵幼虫群集于叶背剥食叶肉，吃光一片后再群集于它叶剥食。2龄后将叶片吃成孔洞与缺刻，大龄幼虫可将全叶吃光。

2. 形态特征　学名 *Cifuna locuples* Walker，又名大豆毒蛾、豆毒蛾、肾毒蛾。属鳞翅目，毒蛾科。

成虫：为中型蛾，雄蛾翅展 34～40 毫米，雌蛾 45～50 毫米。口器退化。头部和胸部深黄褐色，腹部褐黄色，足深黄褐色。前翅内区前半部褐色，布白色鳞，后半部褐黄白色，横脉肾形，褐黄色，深褐

幼虫

色边，外线深褐色，微向外弯；后翅淡黄色带褐色，横脉纹，端线色较暗，缘毛黄褐色。卵：半球形，宽0.55～0.65毫米，高0.4毫米，初产淡青绿色，渐变暗。数十粒至一二百粒成块产于叶背及其他物体上。幼虫：体长35～40毫米，头部黑色，体黑褐色，前胸背面两侧各有1黑色大瘤，上有向前伸的黑褐色长毛束，腹部第1、第2节背面各有2丛粗大的棕褐色竖毛簇，两侧各有2丛平展的褐色长毛簇，形如机翼，故俗称飞机虫。胸足黑色，上方白色，腹足暗褐色。蛹：长21～24毫米，宽8～9毫米。褐色，头、胸部黑褐色油亮，背面和侧面头胸腹部都有幼虫期毛瘤痕迹，上生棕黄色绒毛。臀棘黑色、粗壮、指状，末端生许多小钩。茧淡褐色疏松，长25～30毫米，宽12～17毫米。

3. 发生规律 江淮与黄淮间1年3代，江南4～5代，均以3龄幼虫在枯枝落叶或树皮缝隙等处越冬，南方重于北方。各个世代通常在不同种植物转移完成，但在两年一栽的草莓地里，由于草莓生育期长，可以完成周年生活史。幼虫3龄前群聚叶背剥食叶肉，吃成罗网或孔洞状，4龄食量大增，5～6龄暴食期每天可吃1～3片单叶。越冬代幼虫春季暴食期与草莓蕾花期相遇，可以为害花和果实，对结果量和果形有明显影响，以后各代影响育苗质量。

4. 防治方法 （1）重点是捕杀低龄期在叶背集中为害的幼虫团，压低越冬基数和各代为害基数。（2）用敌百虫、菊酯类杀虫剂杀灭，或用杀螟杆菌（Bt）每克含菌100亿个的制剂700～800倍液，或25%灭幼脲3号2 000倍液喷洒。

五、丽木冬夜蛾

1. 分布为害 主要分布在江苏、台湾等地。主要为害草莓、黑莓、牛蒡、豌豆、果树、烟草等。初孵幼虫专食嫩头、嫩心，咬断嫩梢，迟发的幼虫直接为害嫩蕾。虫口密度大时每头幼虫每天毁掉数个嫩头和叶片。

2. 形态特征 学名*Xylena formosa* Butler，属鳞翅目，夜蛾科，冬夜蛾亚科。别名台湾木冬夜蛾。

幼虫及为害状

成虫：体长25毫米左右，翅展54～58毫米。头部和颈部浅黄色，额和下唇缘红褐色，胸部棕褐色，腹部褐色。前翅浅褐灰色，中线黑棕色，肾纹大，灰黑色，后翅淡褐色，足红褐色。幼虫：黄褐色，约4个龄期。各龄幼虫变异很大，1～3龄时体细长，青绿色半透明，头绿色，进入3龄后期头体增至数倍，体绒绿色，背管青绿色，各体节肥大，节间膜缢缩，4龄体黄褐色至红褐色不透明，前胸硬皮板黑褐色近方形。

3. 发生规律　江苏年生1年，以完全成长的成虫在土下的蛹壳中越冬。翌年3～4月间羽化出土。幼虫于4月下旬始见，5～6月老熟，入土后吐丝结茧蛰伏越夏，9～10月间化蛹。

4. 防治方法　（1）注意保护和利用天敌。天敌有螳螂、蜘蛛和鸟类。（2）药剂防治见花弄蝶。

六、红棕灰夜蛾

1. 分布为害　主要分布在河北、黑龙江、江苏、江西等地。主要于春秋两季食害草莓嫩心、嫩蕾、花序和幼果，春季为害严重。除为害草莓外，寄主还有枸杞、桑、黑莓等浆果作物，以及豆科作物、棉花、荞麦、苜蓿、十字花科蔬菜和榆、刺槐、蔷薇、石竹等植物。

2. 形态特征　学名 *Polia illoba* Butler，又名桑夜蛾，属鳞翅目，夜蛾科，行军虫亚科。

成虫　卵

幼虫　蛹

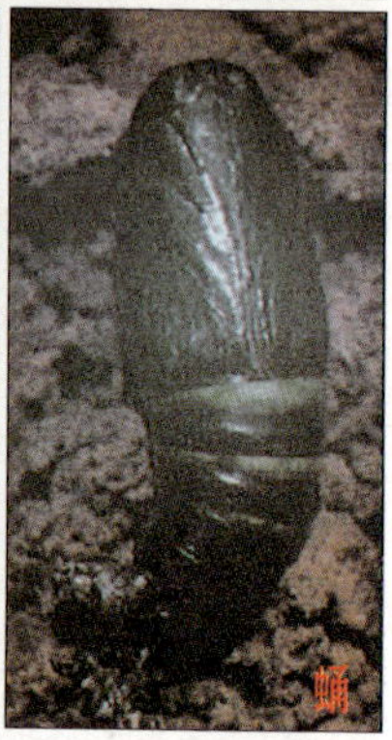

成虫：体长15～17毫米，翅展38～41毫米，头部及胸部红棕色，腹部褐色。前翅红棕色，基线及内线隐约可见双线波浪形，剑纹粗短，褐色，环纹、肾纹椭圆形，不明显，外线棕色，锯齿形，亚端线微白，内侧深棕色；后翅褐色，基部色浅。卵：半球形，宽0.6～0.7毫米，高0.4毫米。中部有约50条纵棱，棱间有细横格。初产淡绿色，后卵顶出现一二紫点，逐渐全卵变紫褐色，卵块大。幼虫：初孵时淡灰褐色，腹部紫红，满身布有大而黑的毛片。

3. 发生规律　一般为1年1代，以幼虫和蛹在土中越夏，至8～9月间羽化，成虫交尾产卵后再以3龄大小的幼虫越冬。

4. 防治方法　（1）摘除病老残叶捕杀幼虫。（2）用晶体敌百虫800倍液或20%杀灭菊酯3 000倍液喷雾或用80%敌敌畏100～150毫升对

细土15千克制成毒土每公顷225千克撒于株间熏杀，或用25%灭幼脲3号2 000倍液喷施。

七、斜纹夜蛾

1. 分布为害　分布在全国各地。主要为害草莓、葡萄、苹果、梨、蔬菜及作物等290多种植物。幼虫食叶、花蕾、花及果实，初食叶肉残留上表皮和叶脉，严重时可将叶吃光。

2. 形态特征　学名 *Prodenia litura*（Fabricius），属鳞翅目，夜蛾科。异名 *Spodoptera litura* Fabricius，别名莲纹夜蛾，莲纹夜盗蛾。

成虫：体长14～16毫米，翅展33～35毫米，头、胸、腹均深褐色，额有黑褐斑，颈板有黑褐横纹；胸部背面有白色丛毛，腹部前数节背面中央具有暗褐色丛毛。前翅灰褐色，基线、内线褐黄色，后端相连。斑纹复杂，雄蛾前翅带有黑棕色，径脉和中脉基部褐黄色。卵：扁半球形，直径0.4～0.5毫米。初产黄白色，后转淡绿，孵化前紫黑色，卵粒集结成3～4层卵块。外覆灰黄色疏松的绒毛。幼虫：体长35～47毫米，头部淡褐色，胸部体色因寄主和虫口密度不同而异，黄土色、青黄色、灰褐色或暗绿色。胸足近黑色，腹足暗褐色。蛹：长约15～20毫米，赭红色，腹部背面第4～7节近前缘处各有一个小刻点。臀棘短，有1对强大而弯曲的刺，刺的基部分开。

3. 发生规律　在华北地区一年4～5代，长江流域5～6代，福建6～9代。在两广、福建、台湾可终年繁殖，无越冬问题，长江流域多在7～8月大发生，黄河流域多在8～9月大发生。成虫夜间活动，飞翔力强，一次可以飞数十米远，高达10米以上，成虫有趋光性，并对糖醋酒液有趋性。卵多产于高大、茂密、浓绿的边际作物上，以植株中部叶片背面叶脉分叉处最多。初孵幼虫群集取食。3龄前仅食叶肉，残留上表皮及叶脉，呈白纱状后转黄，易于识别。4龄后进入暴食期，多在傍晚出来为害。老熟幼虫在1～3厘米表土内做土室化蛹，土壤板结时可在枯叶下化蛹。

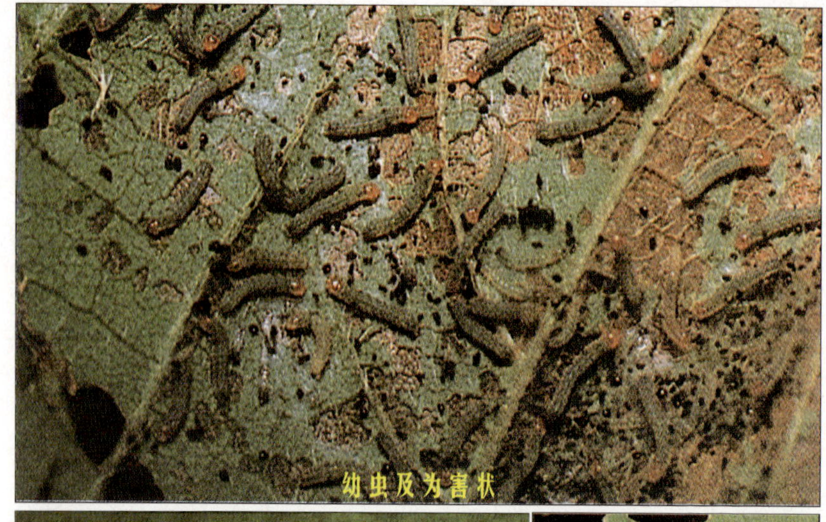
幼虫及为害状

成虫

幼虫

4. 防治方法 （1）农业防治注意清除田间及地边杂草，灭卵及初孵化幼虫。（2）利用对黑光灯和性引诱剂的趋性，进行诱集杀灭。（3）人工采卵或捕捉低龄幼虫。（4）药剂防治掌握在3龄前局部发生阶段挑治。用5%抑太保乳油或5%卡死克乳油2 000～2 500倍液，5.7%百树菊酯乳油4 000倍液，5%来福灵乳油2 000倍液，10%吡虫啉可湿

性粉剂1 500倍液，4.5%氯氰菊酯乳油2 000倍液，25%灭幼脲3号2 000倍液喷施。用药时间最好选在傍晚效果好。

八、梨剑纹夜蛾

1. 分布为害　国内主要分布在除西藏和西北以外的广大地区，其幼虫是为害草莓的主要毛虫之一。除大量为害叶片外，在春季还食害幼嫩蕾、花序和幼果，可造成明显损失。

2. 形态特征　学名 *Acronicta rumicis* Linnaeus，属鳞翅目夜蛾科。

成虫：体长14毫米左右，翅展32～46毫米，头部及胸部棕灰色杂黑白色，额棕灰色，有一黑条，跗节黑色间以淡褐色环；腹部背面浅灰色带棕褐色，基部毛簇微带黑色；前翅灰棕色杂白、黑色鳞片，后翅棕黄色，边缘深暗，缘毛白褐色。卵：半球形，宽约0.5毫米，高约

幼虫

成虫

蛹

0.35毫米。卵面中部有近百条纵棱，以双序式排列。纵棱间有微凹横格。初产乳白色，孵化前暗褐色。幼虫：为毛虫，灰褐色，带有大理石纹，背面有一列黑斑，中央有橘红色点，亚背线有一列白点，体长28～33毫米。初孵时灰绿褐色，被黑色长毛，2龄起体色和毛色多变，大致可分为两类：(1) 黑头型：头部黑褐色微有光泽，体略显褐色，背线为黄白至枯黄斑点，腹面紫褐或灰棕线。胸足及腹足黑褐色。(2) 红头型：头部红赭至红褐色，光亮。体色和毛色都偏向红赭。同一个卵块孵出的幼虫可以兼具红头型、黑头型和许多中间型的幼虫。

3. 发生规律 自北向南1年2～5代。北方以蛹，南方以蛹及幼虫越冬。江苏3月下旬始蛾，成虫昼伏夜出，对糖醋液、黑光灯有较强趋性，羽化后2～3天产卵，卵产于叶背等处，数十粒至数百粒成块。幼虫一般6个龄期，初孵幼虫喜群集叶背剥食叶肉，3龄时分散。在草莓上，5～6龄幼虫暴食期间1头幼虫1天可食毁1～3个叶片。幼虫尤喜食蕾、花、花枝、果梗和嫩果，破坏性很大。

4. 防治方法 (1) 保护利用天敌。(2) 结合摘除老叶等田间管理，根据被害情况摘除初孵幼虫团。(3) 选用90%敌百虫1 000倍液或2.5%敌杀死3 000倍液或25%灭幼脲3号2 000倍液喷洒防治。

九、棉褐带卷蛾

1. 分布为害 分布在除西北、云南、西藏之外的全国各地。主要为害草莓、豆类、棉花、黑莓、悬钩子、荔枝、苹果、梨、山楂、桃、李、杏、柑橘等。幼龄食害嫩叶、新芽、花和果实，食叶肉呈纱状和孔洞，多雨时常腐烂脱落。

2.形态特征 学名*Adoxophyes orana* Fischer von Roslerstamm，属鳞翅目，卷蛾科。别名苹小黄卷蛾、远东褐带卷蛾、茶小卷蛾、棉小卷蛾、橘（小黄）卷蛾、斜纹卷蛾。

成虫：体长6～9毫米，翅展13～23毫米，黄褐色。触角丝状，下唇须明显前伸较长，第2节背面成弧状，末节稍向下垂。前翅略呈长方形，基斑、中带、端纹深褐色，后翅淡黄褐色微灰。腹部淡黄褐色，

卵

蛹

成虫

幼虫

背面色暗。卵：扁平椭圆形，径长约0.7毫米左右，淡黄色半透明，孵化前黑褐色，数十粒成块作鱼鳞状排列。幼虫：体长13～15毫米，细长，翠绿色，头小淡黄白色，略呈三角形，头壳两侧单眼区上方有1黑褐色斑。前胸盾和臀板与体色相似或淡黄色，胸足淡黄或淡黄褐色。低龄体淡黄绿色。蛹：9～11毫米，较细长，初绿色后变黄褐色。2～7腹节背面各有两横列刺，前列刺较粗，后列刺小而密，均不到气门，尾端有8根钩状臀刺，向腹面弯曲。

3. 发生规律　黄河故道年生4代，辽宁、华北3代，以幼龄幼虫在缝隙内结白色薄茧越冬。发芽时开始出蛰，出蛰幼虫为害幼芽、花蕾和嫩叶，老熟后卷叶内化蛹，蛹期6～9天。成虫昼伏夜出，有趋光性，对果汁果醋和糖醋液趋性强。羽化后1～2天便可以交尾产卵，卵多产于叶面，亦有产在果面和叶背者，每雌可产卵百余粒。卵期6～10

天，初孵幼虫多分散在卵块附近的叶背和前代幼虫的卷叶内为害，稍大各自卷叶并可为害果实。幼虫很活泼，震动卷叶急剧扭动身体吐丝下垂。秋后以末代幼龄幼虫越冬。

4. 防治方法 （1）释放天敌，卵有松毛虫赤眼蜂，幼虫有甲腹茧蜂、狼蛛、白僵菌等。卵和幼虫发生期放蜂，每代放蜂3～4次，间隔5天。辽南地区第1次放蜂在6月15日前后，山东为6月5日左右。平均每次放蜂约2万头，总放蜂量约7万～8万头。（2）及时摘除卷叶。（3）药剂防治，越冬幼虫出蛰盛期及第一代卵孵化盛期后是施药的关键时期，可用25%喹硫磷或50%杀螟松、50%马拉硫磷乳油1 000倍液，20%绿·马乳油、16%顺丰3号乳油1 500倍液，2.5%功夫或5%来福灵乳油、20%速灭杀丁乳油3 000～3 500倍液，2.5%天王星乳油4 000～5 000倍液，25%灭幼脲3号2 000倍液，以及其他菊酯杀虫剂或菊酯与有机磷复配剂。采收前9天停止用药。

十、棉双斜卷蛾

1. 分布为害 主要分布在东北、华北、华东、中南、西南等地部分省区，沿海地区更重些。幼虫孵化后居草莓嫩心间，缀疏丝连成松散虫包，食害嫩叶嫩心和幼蕾嫩花序，也可食害幼果。嫩叶展开后呈不规则圆形洞孔，蕾、花及幼果上吃成洞孔或半残，并可食毁幼嫩花穗梗。

2. 形态特征 学名*Clepsis* (*Siclobola*) *strigana* Hubner，属鳞翅目，卷蛾科，卷蛾亚科。

成虫：为小型蛾，金黄色，翅展15～20毫米。唇须前伸，末节下垂。前翅淡黄至金黄色，有金属光泽，雄蛾有前缘褶；后翅雄为淡褐色，雌呈黄白色。褶腹背如屋脊形。卵：扁平，淡黄白色，数粒至数十粒成块，鱼鳞状排列。孵化前色暗。幼虫：绿色带紫，老龄时长12～15毫米，头部及尾部扁小，略呈纺锤形。头黄绿略带淡褐色发亮，前胸硬皮板后缘两侧各有1斜菱形黑褐色纹，各节毛片及毛白色。

3. 发生规律 江苏1年4代，以幼虫或蛹越冬，翌年3月下旬成虫

出现，4月中旬幼虫盛发，5月中旬至6月中旬二代幼虫盛发，以后各代重叠发生。在草莓上以春季第一代发生为害最重，幼虫吐丝将嫩头卷缀一起，潜居其间，取食时将头伸出咬食，可以咬断蕾、花、果梗及嫩叶柄，蛀食嫩果等，在成长叶片结成饺形虫包。幼虫一生要转包1～3次，为害2～3株草莓，破坏性极大，局部损失严重，有年度间猖獗发生现象。

4. 防治方法　(1) 结合田间管理捏杀虫包中幼虫。(2) 保护利用天敌。(3) 用25%杀虫双水剂400倍液，或50%杀螟松1 000～1 500倍液，或80%敌敌畏1 000～2 000倍液喷雾。

十一、草莓镰翅小卷蛾

1. 分布为害　主要分布在北美和欧洲。国内东北、江西、江苏等地有分布。除主要为害草莓外，还为害黑莓和月季等植物。

2. 形态特征　学名 *Anclis (Ancylis) comptana* (Frolich)，属鳞翅目，卷蛾科。

成虫：为小型蛾，翅展12～15毫米。头部白色，唇须前伸，背面和里面发白，外面褐至黑色。第2节鳞毛特长，末节有的全部被遮盖；

前翅狭长，白褐色，顶角显著突出，加上缘毛上花纹，很像镰刀状，后翅及缘毛灰褐色。卵：长约0.5毫米，宽约0.3毫米，鲜黄色，扁长卵形，单粒或数粒稀疏排列，产于叶背。幼虫：细长，头淡黄褐色，上颚褐色，体黄绿至绿色，前胸硬皮板黄绿带褐色，两侧各有1近圆形黑斑。各体节前有前后2列毛片，毛片污白色，近圆形，微隆起，腹部各节背面4个毛片呈梯形排列。臀板两侧各有一近三角形黑斑。

3. 发生规律 此虫在江苏1年4～5代，10～11月以老龄幼虫在老叶上结封闭式虫包中结茧越冬。春季3、4月化蛹，4～5月羽化，后为一代幼虫期，二代幼虫于6月中旬至7月上旬盛发，7月中下旬二代蛾盛发，8月上旬三代蛾盛发，8月底四代蛾盛发，8～10月世代重叠现象严重。夏季成虫产卵前期2～3天，每雌产卵20～30粒。卵期3～5天，幼虫历期约20天。

幼虫孵化后先在幼嫩叶片边缘卷狭长小包，并可将整叶对折成饺形虫包，虫包接缝处有细密发亮白丝为其特征。幼虫在包内剥食叶肉，有转包习性，一生可食毁1～3片单叶。

4. 防治方法 （1）实施检疫，防止此虫传播蔓延。（2）秋冬清洁田园，摘除虫包集中烧毁，减少越冬虫源。（3）选用美国6号、新明星等耐虫品种。（4）加强肥水管理，促进植株健壮生长，既利增产，又

能提高抗虫耐虫能力。(5) 于盛蛾盛孵期选用80%敌敌畏1 000倍液，或90%敌百虫800倍液，或20%灭扫利2 000倍液喷雾防治。

十二、大 蓑 蛾

1. 分布为害　国内大部分地区都有分布。幼虫是多种果树和林木的重要害虫，在草莓上严重为害年份可把地上部分全部吃光。

2. 形态特征　学名 *Clania variegata* Snellen，又名大袋蛾等，属鳞翅目，蓑蛾科。

成虫：雌蛾乳白色肥蛆状，无翅无足，体长28～36毫米，雄蛾翅展35～44毫米，体黑褐色有淡色纵纹。前翅红褐色，有黑色和棕色斑纹，在室外方有3个较大亮斑。后翅黑褐色，略带红褐色，前、后翅中室内中脉叉状分支明显。卵：长0.8～1毫米，宽0.5毫米，淡黄色光亮。幼虫：老熟幼虫雌体长30～35毫米，肥胖多皱，身体棕褐色，前胸盾淡灰黄色有许多深褐斑。背线黑褐色，两侧有黄褐色纵带，腹

茧

幼虫

成虫

部较胸部色深，亚背线部位有黑褐色斑点，气门线色较浅，腹面黑褐色；气门较圆，黑色；胸足棕褐色，腹足与体色相同。袋囊丝质，长50～60毫米，外黏树叶破皮。蛹：雌体长25～30毫米，红褐色，雄体长18～24毫米，黑褐色。

3. 发生规律 国内自北往南1年1代，长江流域1～1.5代。一代区以老熟幼虫在袋囊内越冬，翌年4～5月间羽化。初孵幼虫可随风和鸟类传播。当飘落到寄主上后，立即吐丝造囊，然后取食，寄主种类多达100多种。在草莓上不断咬下大块叶片黏附在蓑囊外，加重了对草莓的危害。

4. 防治方法 （1）人工摘除袋囊捕杀。（2）保护利用天敌。（3）用90%敌百虫1 000倍液或菊酯类农药或每毫升含1亿个孢子的青虫菌液喷雾防治。（4）用性诱剂诱杀雄蛾。

十三、花 弄 蝶

1. 分布为害 日本、朝鲜及中国的大部分地区都有发生。主要为害草莓、醋栗、绣线菊、黑莓等。幼虫以白色粗丝缀连1至数叶呈开放式虫包，头伸出包外取食叶片，幼虫食叶呈缺刻或孔洞，严重的仅残留叶柄，影响开花结实及幼苗繁育。

2. 形态特征 学名 *Pyrgus maculatus* Bremer et Grey，属鳞翅目，蝶亚目，弄蝶科，又名山茶斑弄蝶。

成虫：体长12～16毫米，翅展27～30毫米。体背及翅面黑褐色，翅基及后翅内缘区被灰绿色细绒毛。复眼黑褐色光滑，触角棒状。后翅与前翅同色，约有8个白斑，中部两个较大，外缘6个较小。前足较小，各足棕色。卵：淡绿色半球形，宽约0.7毫米，高0.6毫米。卵面有纵棱。幼虫：体形似直纹稻苞虫，黄绿至绿色。长约18～22毫米，头棕褐至棕黑色毛茸状，胸部明显细缢似颈，褐至黑褐色，角质化。腹部宽大，至尾部逐渐扁狭，末端圆。胸足黑色，腹足5对，气门细小，暗红色。中胸至腹部各节体表密布淡黄白色小毛片及细毛。蛹：长18～20毫米，宽4.2～5毫米，较粗壮。初淡绿色半透明，渐变淡褐至褐色。

雌成虫

雄成虫

翌日后体表出现蜡质白粉，并逐渐加厚。腹末有臀棘4根末端勾状。头顶有淡棕色毛簇。

3. 发生规律　江苏1年3代，以蛹越冬。一代幼虫发生在4月底至6月上旬，6月中旬盛蛹，6月下旬盛羽化；二代幼虫发生于7、8月间，8月中旬盛羽，三代幼虫发生于8～10月间，11月下旬化蛹越冬。卵散产于草莓嫩头、嫩叶及嫩叶柄上。初龄幼虫卷嫩叶边做成小虫包，在内剥食叶肉，叶片老硬卷不动时便在老叶叶面吐白色粗丝做成半球形网罩，躲在其间取食叶肉。老熟幼虫以白色粗丝缀合多个叶片组成疏松不规则大虫包，将头伸出取食。3龄幼虫每天可取食1片单叶，一生转包多次。幼虫行动迟缓，除取食和转包外，很少活动。

4. 防治方法　（1）利用幼虫结包和不活泼的特点，进行人工捕杀。（2）保护蜘蛛、蓝蝽和寄生蜂等天敌，以增强天敌调控作用。（3）药剂防治，喷洒25%喹硫磷乳油1 500倍液，或90%敌百虫800倍液，或2.5%敌杀死2 000倍液，或25%灭幼脲3号2 000倍液使幼虫不能正常脱皮变态而死亡。采收前7天停止用药。

十四、大造桥虫

1. 分布为害　国内大部分地区都有分布。在草莓上主要食害叶片，

初孵幼虫剥食正面叶肉，2龄后即吃成缺刻和孔洞，中老龄幼虫可将全叶吃光，严重时仅剩主脉，也可食害蕾、花和幼果。除草莓外，还可为害柑橘、树莓、柿、梨、桑、栗、棉花、大豆、蚕豆、花生、向日葵、麻、多种蔬菜、石刁柏、水杉等果树及农林作物。

2. 形态特征 学名 *Ascotis selenaria* (Denis & Schif)，又名棉大造桥虫等，属鳞翅目，尺蛾科。

叶被害状

成虫

幼虫

成虫：雌蛾体长约16毫米，体色变异较大，一般淡灰褐色，散布黑褐及黄色鳞片。前后翅上的4个星及内外线为暗褐色。前翅暗灰带白色，杂黑色及黄色鳞片，底面银灰色。内外横线黑褐色波状，前翅中线不完整，后翅的完整；两翅中室顶角处均有1环状纹。缘毛有褐斑。卵：长0.73毫米，宽0.39毫米。幼虫：老熟幼虫体长38～49毫米，圆筒形，行动或静止时身体中间常拱起作桥状，故名造桥虫。头黄褐色，比前胸明显宽大，头顶两侧有黑点1对。胸足褐色，腹足黄绿，端部黑色。

3. 发生规律　大造桥虫在长江流域1年发生4代，末代幼虫于9月底至10月下旬入土化蛹越冬。翌年3月下旬开始羽化。成虫飞翔力弱，白天静伏树干等处，夜间活动交配，趋光性强。羽化后1～3天产卵，数十粒至一二百粒成堆产于树皮缝、土壤缝隙、作物秸秆叶鞘及屋檐瓦缝等处。雌蛾产卵量越冬代约200粒，以后各代1 000～2 000粒。卵可随水流传播。夏季40天完成1代，卵期约5～8天，初孵幼虫吐丝随风飘移传播扩散，幼虫期18～20天。蛹期9～10天，成虫寿命6～8天。天敌有悬茧姬蜂、蜘蛛、食虫蝽、鸟类等。

4. 防治方法　(1) 保护利用天敌。(2) 选用90%敌百虫、80%敌敌畏、50%辛硫磷1 000～1 500倍液；或20%杀灭菊酯乳油1 000～2 000倍液，25%灭幼脲3号1 500倍液喷雾防治。

十五、大青叶蝉

1. 分布为害　大青叶蝉广泛分布于全国各地，以成虫和若虫刺吸草莓叶、叶柄及花序的汁液，一般造成轻度损失。但大青叶蝉在木本寄主枝条产卵造成幼树抽条死亡现象则很严重。

2. 形态特征　学名 *Cicadella viridis* (Linnaeus)，又称大绿浮尘子，尿皮虎。属同翅目，叶蝉科，大叶蝉亚科。

成虫：体长8～10毫米，青绿色，头部黄色，单眼间有2个黑色小点。前翅表面绿色，末端呈灰白色，半透明状。卵：长卵圆形，长约1.6毫米，宽0.4毫米，光滑，乳白色，上细下粗，中间稍弯曲，常6～13粒排成新月形。若虫：初龄若虫体黄白色，3龄后呈黄绿色，体背有3条灰色纵体线；胸腹有4条纵纹，末

成虫

龄若虫胸、腹部呈黑褐色，体线、翅芽明显，似成虫。

3. 发生规律 长江以北1年发生3代，长江以南1年发生4～6代，以卵在苗木、幼树枝干表皮下越冬。次年春天树液流动时卵开始发育，展叶时孵化，向阳枝条先孵。5～6月间出现成虫，7月下旬至8月中旬为第二代成虫出现期。9～11月出现第三代成虫。第一二代成虫多在草莓和禾本科植物上产卵，第三代成虫则迁往林木果树和蔬菜上。成虫、若虫行动敏捷、活泼，常横向爬行，善跳跃、飞行，趋光性强。至10月下旬成虫群集于幼树枝干上产卵。天敌有蟾蜍和青蛙类、蜘蛛类、鸟类及寄生蜂等。

4. 防治方法 （1）成虫产卵越冬前，在树干上涂白防止成虫产卵。（2）在越冬卵孵化前击、压枝条上的新月形卵伤痕，消灭冬卵。（3）虫口密度大时，每10～15天喷洒1次40%乐果乳油800倍液或50%敌敌畏乳剂1 000倍液。

十六、草莓粉虱

1. 分布为害 草莓粉虱是华北及豫西局部地区为害草莓的重要害虫。成虫和若虫群集于叶背，刺吸汁液，使叶片生长受阻变黄，影响植株的正常生长发育。由于成虫和若虫还能分泌大量蜜露，堆积于叶面和果实上，往往引起煤污病的发生，严重影响叶片的光合作用和呼吸作用，造成叶片萎蔫，甚至植株枯死。

2. 形态特征 学名 *Trialeurodes vaporariorum* （Westwood），属同翅目，粉虱科。

成虫：体长约1毫米，身被白粉，具翅2对。停息时双翅在体上合成尾脊状如蛾类，翅端半圆状，遮住整个腹部，翅脉简单，沿翅外缘有一排小颗粒。卵：长椭圆形约0.2毫米，黏附于叶背。初产淡绿色，覆有蜡粉，而后渐变褐色，孵化前呈黑色。若虫：体扁圆，分节不清，淡黄色。

3. 发生规律 在豫西主要为害草莓，成虫为集聚性，一片叶背常可见到数十头成虫集聚、交尾、产卵。在北京、河北1年可发生10代以上，7、8月份虫口密度增长最快，为害最严重。

4. 防治方法 （1）清除前茬作物的残株和杂草，对温室要进行熏蒸灭虫。（2）药剂防治用10%扑虱灵乳油1 000倍液，或25%灭螨猛乳油1 000倍液，或21%灭杀毙4 000倍液，或2.5%天王星乳油3 000倍液，或2.5%功夫乳油4 000倍液，或20%灭扫利乳油2 000倍液喷洒，均有较好效果。

十七、二斑叶螨

1. 分布为害 二斑叶螨是世界性分布的害螨，是温室和大棚栽培的重要害虫，为害草莓、棉花、玉米、高粱、苹果、梨、西瓜、甜瓜、榆、梅等，主要在叶片背面刺吸汁液。为害初期，叶片正面出现若干针眼般枯白小点，以后小点增多，以致整个叶片枯白。

2. 形态特征 学名 *Tetranychus urticae*，亦名棉叶螨、棉红蜘蛛。属蛛形纲，蜱螨目，叶螨科。

雌螨：体长0.43～0.53毫米，宽0.31～0.32毫米，背面观为椭圆形。夏秋活动时期常为砖红或黄绿色，深秋时多变为橙红色，滞育越

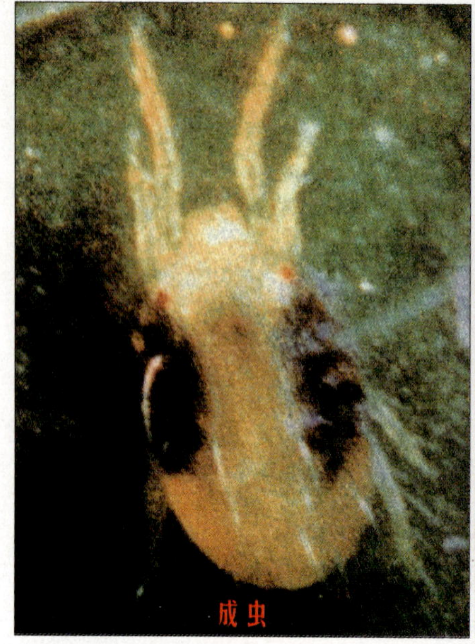

成虫

被害状

冬，体色变为橙黄色。雄螨：体长0.36～0.42毫米，宽0.19～0.25毫米，背面观略作菱形，远比雌螨为小，淡黄或淡黄绿色，活动较敏捷。阳具端锤弯向背面，微小，两侧突起尖利，长度几乎相等。卵：直径0.12毫米，球形，有光泽，乳白色半透明，3天后转黄色，随胚胎发育颜色渐加深，临孵化前出现2个红色眼点。幼螨：半球形，淡黄或黄绿色，足3对。若螨：体椭圆形，足4对，静止期绿或墨绿色。

3.发生规律 南方年发生20代以上，北方12～15代，但在草莓上定居的，一般只有3～4代。二斑叶螨以雌螨滞育越冬，早春气温均温达5～6℃时越冬雌螨开始活动，6～7℃时开始产卵繁殖，卵期10余天，成虫开始产卵至第一代幼虫孵化盛期需20～30天，以后世代重叠。随气温升高繁殖加快。6月中旬至7月中旬为猖獗为害期。10月陆续越冬。在温暖干燥的环境下繁殖快，行两性生殖，亦可孤雌生殖。未受精的卵孵出均为雄螨，每雌可产卵50～110粒，能在叶背拉丝躲藏。喜群集叶背主脉附近并吐丝结网于网下为害，有吐丝下垂借风力扩散传播的习性。

4. 防治方法　(1) 消灭越冬虫源，清除越冬寄主杂草。(2) 药剂防治用20%三氯杀螨醇乳油1 000～1 500倍液，或50%久效磷2 000倍液，或5%尼索郎乳油或73%克螨特乳油2 000倍液，或10%天王星2 000～2 500倍液，或15%哒螨灵乳油2 000倍液，或胶体硫200倍液等喷雾。采前半月停止用药，并注意经常更换农药品种防止产生抗性。

十八、朱砂叶螨

1. 分布为害　朱砂叶螨是世界性分布的叶螨，是温室和大棚栽培的重要害虫。朱砂叶螨主要为害草莓、棉花、玉米、西瓜、向日葵、枣、桑、槐、枸杞、山桃、月季、金银花等。在叶片背面刺吸汁液，发生多时叶片苍白，生长萎顿，严重时叶片枯焦脱落，田块如火烧状。

2. 形态特征　学名 *Tetranychus cinnabarinus* (Boisduval)，属蛛形纲，蜱螨目，叶螨科。亦名红叶螨、棉红蜘蛛。

雌螨：体长0.42～0.56毫米，宽0.26～0.33毫米，背面观卵圆形，红色，渐变锈红或红褐色，无季节性变化。体两侧有黑斑2对，前1对较大，在食料丰富且虫口密度大时前1对大的黑斑可向后延伸，与体末的1对黑斑相连。足4对，无爪，足和体背有长毛。雄螨：背面观略呈菱形，比雌螨小，体色呈红色或淡红色，体长含喙0.36毫米，宽0.2毫米。卵：圆球形，直径约0.13毫米，有光泽，无色至深黄色带红点。幼螨：长约0.15毫米，近圆形，足3对，若螨足4对，体形及体色似成螨，但个体小。阳具端锤较小，背缘突起，两角皆尖，约等长。

成虫

3. 发生规律　东北1年可

发生12代，在南方20代以上，在华北以滞育态雌成螨在枯枝、落叶、土缝或树皮中越冬，在华中以各虫态在杂草丛中或树皮缝越冬，在华南冬季气温高时继续繁殖活动。早春气温达10℃以上时越冬成螨即开始大量繁殖，4月下旬至5月上旬从杂草等越冬寄主迁入草莓田，首先在田边点片发生，再向周围植株扩散。在植株上则先为害下部叶片，再向上部叶片蔓延。以两性生殖为主，1头雌螨可产卵50～110粒，有孤雌生殖现象。其生长发育最适温度为29～31℃，相对湿度35%～55%，高温低湿则发生严重，露地草莓以6～8月受害最重。朱砂叶螨在北方温室可全年繁殖为害。

4. 防治方法　参见二斑叶螨。

十九、截形叶螨

1. 分布为害　分布全国各地。主要为害草莓、番茄、青椒、马铃薯、玉米、瓜类、豆类等。若螨和成螨群聚叶背吸取汁液，使叶片呈灰白色或枯黄色细斑，严重时叶片干枯脱落，影响生长，缩短结果期，造成减产。

2. 形态特征　学名 *Tetranychus truncatus* Ehara，属真螨目，叶螨科，叶螨属，异名 *T.telarius*，别名棉红蜘蛛、棉叶螨。

雌螨：体长0.44毫米，包括喙0.53毫米，体宽0.31毫米，椭圆形，深红色，足及颚体白色，体侧有黑斑。雄螨：体长（包括喙）0.37毫米，体宽0.19毫米，体黄色，阳具柄部宽阔，末端弯向背面形成一微小的端锤，其背缘呈平截状，末端1/3处有一凹陷，端锤内角圆钝，外角尖利。

成虫

3. 发生规律　年发生10～20代，在华北地区以雌螨在枯枝落叶或土缝中越冬，在华中地区以各虫态在杂草丛

中或树皮缝越冬，在华南地区冬季气温高时继续繁殖活动。早春气温达10℃以上，越冬成螨即开始大量繁殖，多于4月下旬至5月上中旬进入草莓田，先是点片发生，随即向四周迅速扩散。在植株上先为害下部叶片，然后向上蔓延，繁殖数量过多时，常在叶端群集成团，滚落地面，被风刮走，扩散蔓延。

4. 防治方法　天气干旱时要注意灌溉并合理施肥（减少氮肥，增施磷肥），减轻为害。大发生情况下，主要采取化学防治，可以采用25%抗螨23（N_{23}）乳油500～600倍液，或73%克螨特乳油1 000～2 000倍液，25%灭螨猛可湿性粉剂1 000～1 500倍液，20%灭扫利乳油2 000倍液，2.5%天王星乳油3 000倍液，或5%尼索朗乳油2 000倍液，20%双甲脒乳油1 000～1 500倍液，1.8%爱福丁（BA-1）乳油抗生素杀虫杀螨剂4 000倍液，10%吡虫啉可湿性粉剂1 500倍液，15%哒螨酮（扫螨净、牵牛星）乳油2 500倍液，隔10天左右1次，连续防治2～3次。采收前7天停止用药。

二十、土耳其斯坦叶螨

1. 分布为害　主要分布在新疆。主要为害草莓、豆类、玉米、马铃薯、荠菜、茄子、蕹菜、旋花、萝卜、白菜、黄瓜、棉花、高粱、苹果、葡萄、梨、啤酒花等。成虫若螨在叶背刺吸汁液初现白色小点，后叶面变灰白色或橘黄色至红色细斑，影响光合作用。

2.形态特征　学名*Tetranychus turkestani* Ugarov et Nikolski，属蛛形纲，蜱螨目，叶螨科。

雌螨：体长0.54毫米，宽0.26毫米，体卵形或椭圆形，黄绿色。须肢端感器柱形，端感器较背感器长。气门沟末端呈“U”形弯曲，后半体背表皮纹菱形。各足爪间呈3对针状毛。雄螨：体长0.33毫米。阳具柄部向背面形成1个大型端锤，其近侧突起钝圆，远侧突起尖利。端锤背缘在距后端1/3处具1明显角度。卵：圆球形，黄绿色。

3.发生规律　北方年发生12～15代，以雌成螨于10月中下旬开始群集在向阳处的枯叶、杂草根际及土块、树皮缝隙处潜伏越冬，以两

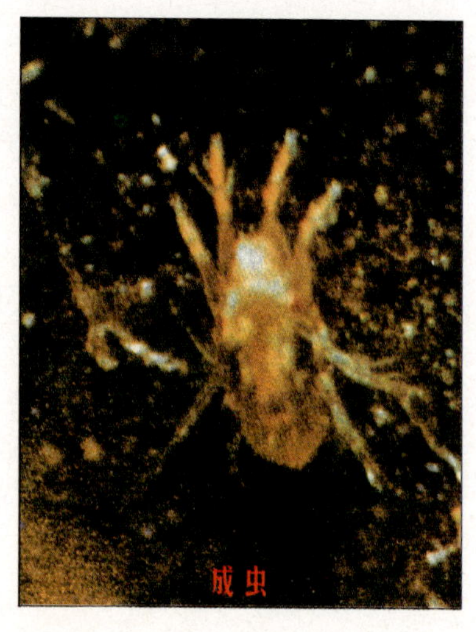
成虫

性生殖为主，也可营孤雌生殖，把卵产在田间杂草上，起初点片发生，后向四周蔓延扩散，高温干燥易猖獗。

4.防治方法 要注意减少化学农药用量，防止杀伤叶螨的天敌。有条件的可释放捕食螨、草蛉等天敌，注意选择抗药性天敌。当叶螨在田间普遍发生，天敌不能有效控制时，应选用对天敌杀伤力小的选择性杀螨剂进行普治。如：20%灭扫利乳油2 000倍液，73%克螨特乳油1 000倍液，5%尼索朗乳油2 000倍液，21%灭杀毙乳油1 000倍液，2.5%天王星乳油2 000倍液，35%卵虫净乳油1 500倍液，1.8%爱福丁乳油3 000倍液，20%好年冬乳油800倍液，10%吡虫啉可湿性粉剂1 000～1 500倍液，15%哒螨酮乳油1 500倍液，15%哒螨灵1 500倍液，50%溴螨酯800～1 000倍液，采收前14天停止用药。要注意轮换交替用药。

二十一、桃　　蚜

1.分布为害 桃蚜为世界性分布，全国草莓产区多有发生，在草莓抽蕾始花期大批桃蚜迁入草莓田，群聚花序和嫩叶、嫩心和幼嫩蕾上繁殖取食刺吸汁液，造成嫩头萎缩，嫩叶皱缩卷曲、畸形，不能正常展叶，并可传播病毒，为害严重。

2.形态特征 桃蚜又名桃赤蚜，属同翅目，蚜虫科。学名 *Myzus persicae*（Sulzer）。

成虫：有翅胎生雌蚜体长1.6～2.1毫米，无翅胎生雌蚜体长2～2.6毫米，体色多变。头胸部黑褐色，腹部绿、黄绿、褐、赤褐色。体表粗糙，第7～8节有网纹。腹管细长，圆筒形端部黑色，额瘤显著。

成虫及为害状

卵：长约1.2毫米，长椭圆形，初为绿色，后变黑色有光泽。若虫：体小似无翅胎生雌蚜，淡红或黄绿色。

3. 发生规律　1年发生10～30余代，以卵态在桃树枝梢芽腋处越冬。翌年3月中下旬开始孵化繁殖，4～5月出现有翅迁飞蚜，飞向各种大田作物，开始在草莓的心叶或嫩头及蕾花序上繁殖为害。10月间有翅蚜再飞回桃树上产生有性蚜，交尾后产卵越冬。

4.防治方法 （1）保护利用天敌，主要天敌有食蚜蝇、异色瓢虫、草青蛉及蚜茧蜂等都能捕食或寄生大量蚜虫。（2）药剂防治：常用药剂有乐果乳剂1 000倍液、敌敌畏乳剂1 000倍液、50%杀螟松800～1 000倍液、50%抗蚜威2 500倍液、2.5%溴氰菊酯3 000倍液喷雾防治。

二十二、草莓根蚜

1.分布为害 在局部地区有发生，但不普遍。草莓根蚜主要群集在草莓根茎处的心叶及茎部吸收汁液，致使草莓株生长不良，新叶生长受抑制，严重时整株可枯死。

2.形态特征 学名*Aphis forbesi* Weed。

无翅胎生雌蚜：体长约1.5毫米，体肥，腹部稍扁，全体青绿色。若虫：体略带有黄色，形似成蚜。卵：长椭圆形，黑色。

3.发生规律 在寒冷地区以卵越冬，在温暖地区则以无翅胎生雌蚜越冬。卵产在叶柄的毛中。越冬卵自翌春孵化在植株上寄生为害，5～6月为繁殖为害盛期。

成虫及为害状

4. 防治方法　5～6月间，在叶、花蕾等地上部为害时喷洒吡虫啉或马拉松乳剂1 500倍液，或50%辟蚜雾2 500倍液，或50%杀螟松800倍液，或2.5%溴氰菊酯3 000倍液防治。

二十三、苹毛丽金龟

1.分布为害　苹毛丽金龟广泛分布在我国各地，而以黄淮至东北，尤以黄河故道为重。在草莓上主要是春季为害花蕾、嫩叶，对花尤为嗜食。可把嫩蕾、花及嫩心叶食成破碎状。除为害草莓外，还为害苹果、梨、桃、杏、李、海棠、樱桃、葡萄等果树，也为害杨、柳、榆等树木。

2. 形态特征　学名 *Proagopertha lucidula* Faldermann，又名苹毛金龟甲、苹毛金龟子、蟠地在茶金龟甲。属鞘翅目，丽金龟科。

成虫：体小型，卵圆形，背腹面较扁平。雄虫体长9.2～10.6毫米，

成虫及为害状

雄虫体长9.3～12.5毫米。头胸背面黑褐色，全体淡棕黄色有绿或紫色光泽，前胸背板多点刻，密被绒毛，前缘内弯，侧缘弧状外弯，后缘中央后弯。唇基长大，前缘略上卷，复眼黑色。触角9节，鞘翅茶色或黄褐色，微泛绿光，半透明，可透视后翅折叠的“V”字形。鞘翅上有排列成行的刻点。腹部两侧有黄白色毛丛。前足胫节有2齿。幼虫：体为乳白色，惟头部黄褐色。全长12～16毫米，头宽3～3.2毫米。卵：椭圆形，长1.6～1.8毫米，初产卵乳白色，渐变黄白色，后期膨大至长1.8～2.4毫米，宽1.3～2毫米。蛹：体长14～16毫米，深黄至深红褐色，背中线明显。

3. 发生规律 苹毛丽金龟每年发生1代，秋天成虫羽化后蛰伏在土下越冬。3～5月间，当地表温度达12℃，平均气温达10℃以上时，成虫大量出土，特别是雨后出土更多，都集中到草莓和这些林木果树上取食为害。发生多的年份可将整个花蕾、花朵食光，不能结果。成虫多在中午交尾，交尾后的成虫钻入10～20厘米的土层里产卵，每雌虫可产卵20～30粒。卵经过20天左右孵出幼虫，就近取食草莓等植物根，老龄幼虫转移到深层土壤，一般是距地面1米左右土层做土室化蛹。蛹经过20天左右羽化出成虫，在土室里越冬。成虫有假死习性，早晚气温低时，株丛上的成虫遇到振动立即落地假死不动。

4. 防治方法 （1）成虫发生期间，利用早晚气温低成虫不爱活动和其受振动的假死性人工捕杀。（2）开花前用50%速灭威500倍液，或25%西维因800～1 000倍液杀虫保花。

二十四、小青花金龟

1. 分布为害 除新疆外分布于全国各地。主要为害草莓、苹果、梨、槟榔沙果、海棠、杏、桃、葡萄、柑橘、栗、葱等。成虫喜食芽、花器、嫩叶及成熟有伤的果实，幼虫为害植物地下部组织。

2. 形态特征 学名 *Oxycetonia jucunda* Faldermann，属鞘翅目，花金龟科。别名小青花潜、银点花金龟、小青金龟子。

成虫

成虫：体中型，体长13毫米左右，宽6～9毫米，长椭圆形稍扁，背面暗绿或绿色至古铜微红及黑褐色，变化大，多为绿色或暗绿色，腹面黑褐色，具光泽，体表密布淡黄色毛和点刻。头较小、长，眼突出，黑褐或黑色。前胸背板近梯形，前缘呈弧形，凹入，后缘近平直，两侧各有白斑1个。前胸和鞘翅暗绿色，鞘翅上散生多个白或黄白绒斑。鞘翅狭长，且内弯。腹板黑色，分节明显。各节有排列整齐的细长毛，腹部侧缘各节后端具白斑。前足胫节外侧具3齿。卵：椭圆形或球形。初乳白渐变淡黄色。幼虫：体乳白色，长32～36毫米。头棕褐色或暗褐色，宽2.9～3.2毫米。蛹：长14毫米，裸蛹，初淡黄白色，尾部后变橙黄色。

3. 发生规律　每年发生1代，北方以幼虫越冬，江苏可以幼虫、蛹及成虫越冬。以成虫越冬的翌年4月上旬出土活动，4月下旬至6月盛发，雨后出土多。成虫白天活动，中午前后气温高时活动频繁，取食为害最重，多群集在花上，食害草莓花瓣、花蕊、芽及嫩叶，致落花。成虫喜食花器，故随寄主开花早迟转移为害，成虫飞翔力强，具假死性，风雨天或低温时常栖息在花上不动，夜间入土潜伏或在植株上过夜，成虫经取食后交尾、产卵，卵散产在土中、杂草或落叶下。孵化后幼虫为害根部，老熟后化蛹于浅土层。

4. 防治方法　以防治成虫为主，最好采取联防人工捕杀。也可结合防治其他害虫，喷洒25%喹硫磷乳油1 000倍液，或16%顺丰3号乳油1 500倍液。采收前7天停止用药。

二十五、黑绒金龟

1. 分布为害 国内各省几乎都有发生。可为害草莓、苹果、梨、葡萄、桃、李、杏、枣、樱桃、山楂、柿、大豆、玉米、小麦、亚麻、棉花等100多种植物。以成虫食害嫩芽、新叶和花器造成危害。

2. 形态特征 学名*Maladera orientalis* Motschulsky，又名东方金龟子、天鹅绒金龟，属鞘翅目，鳃金龟科。异名*Serica orientalis* Motschulsky，*Aserica orientalis* Motschulsky。

成虫：小型，体长6～9毫米，宽5～6毫米，体近卵圆形，初为棕褐色，后为黑褐色至黑色，被黑褐至黑色短绒毛，体表有丝绒状闪光。触角小，赤褐色，9～10节。鞘翅有9条刻点沟，有似条绒状的10条纵列隆起带。卵：椭圆形，长径约1～2毫米，短径0.8毫米，初产时乳白色，有光泽，孵化前色泽变暗。老熟幼虫：体长14～16毫米，头部黄褐色，头部前顶毛每侧各1根，触角基膜上方每侧有1棕红色单眼，胴部乳白色，多皱褶，被黄褐色细毛。蛹：体长约6～9毫米，黄色，头部黑褐色。末节略呈方形，两后角各有1个肉质突起。

3. 发生规律 我国北方各省1年发生1代，以成虫在土中越冬。翌

被害状

成虫

年3月中旬出土活动，4月中下旬至6月中旬为发生为害盛期，多群集为害。于傍晚取食和交尾，雌虫在土中产卵，幼虫以腐殖质和嫩根为食，8月中旬羽化为成虫。成虫于傍晚温湿无风的天气出土为害较多，3~4小时后于21~22时多自动落地入土潜伏。成虫有趋光性、假死性。

4. 防治方法　（1）利用成虫有较强的趋光性，喜食嫩芽、嫩叶和假死性，可利用杨、柳、榆嫩芽枝条蘸上80%敌百虫100倍液分插草莓田诱杀或利用黑光灯诱杀。（2）利用成虫入土习性可在草莓植株周围撒施5%辛硫磷颗粒剂灭杀。（3）成虫发生量大时，可在草莓田喷施80%敌百虫800倍液，或50%马拉硫磷乳油2 000倍液，或溴氰菊酯1 500~2 000倍液，或50%敌敌畏乳剂1 000倍液灭杀。

二十六、茶翅蝽

1. 分布为害　除新疆、青海外广布全国各地。主要为害草莓、梨、苹果、海棠、桃、李、杏、山楂、樱桃、梅、柑橘、柿、石榴等。成、若虫吸食叶、嫩梢及果实汁液，致刺吸点以上叶脉变黑，叶肉组织颜色变暗萎缩、枯死，好像维管束病害，有时刺吸粗大主脉产生类似的症状。刺吸草莓浆果易形成畸形果。

2. 形态特征　学名*Halyomorpha picus* Fabricius，属半翅目，蝽科。别名臭木蝽、茶色蝽，异名*Cimex picus* Fabricius。

成虫：体长12~16毫米，宽6.5~9毫米，扁椭圆形，体色及大小变异极大，淡黄褐至茶褐色，略带紫红色，具黑刻点，或具金绿色闪光刻点。触角黄褐色。翅烟褐色，基部色深，淡黑褐色。腿部有锈色点，爪和喙末端黑色。卵：圆筒形，直径0.7毫米左右，初灰白色，孵化前黑褐色。若虫：共5龄，初孵体长1.5毫米左右，近圆形，2龄约5毫米，头黑色，体淡褐色，腹部淡橙黄色，各腹节两侧间各有一长方形黑斑，共8对。5龄体长12毫米，翅芽伸达第3腹节后缘，腹部茶褐色，老熟若虫与成虫相似，无翅。

3. 发生规律　年生1代，以成虫在空房、屋角、檐下、树洞、土缝、石缝及草堆等处越冬。北方一般5月上旬陆续出蛰活动，6月上旬

叶被害状

若虫

成虫

至8月产卵，多产于叶背、块产，每块20～30粒，卵期10～15天，6月上旬至7月初为卵孵化盛期，8月中旬为成虫盛期，9月下旬成虫陆续越冬。成虫和若虫受到惊扰或触动即分秘臭液，并逃逸。

4. 防治方法 （1）利用成虫喜欢在室内、场院、石缝、草堆等处越冬的习性，人工捕杀或薰杀。（2）成虫产卵盛期摘除叶上的卵块或若虫团。（3）在成虫产卵期和若虫期喷洒2.5%溴氰菊酯乳油2 000倍液，或敌百虫800～1 000倍液，或百磷3号2 000倍液，或速灭杀丁、

功夫菊酯2 000倍液，或灭扫利2 000倍液混以敌敌畏1 000倍液。采收前7天停止用药。

二十七、麻皮蝽

1. 分布为害 分布于全国各地。主要为害草莓、油菜、苹果、梨、山楂、李、桃、杏、樱桃、葡萄、枣、柿、柑橘、石榴、龙眼等多种植物。主要为害特点是成虫和若虫刺吸叶、果实及嫩梢。

2. 形态特征 学名 *Erthesina fullo* (Thunberg)，属半翅目，蝽科。别名麻纹蝽、麻椿象、臭虫母子、黄霜蝽、黄斑蝽，异名 *Cimex fullo* Thunberg。

成虫：体长18～24毫米，宽8～11毫米，体稍宽大，密布黑色点刻，背部棕黑褐色，头两侧有黄白色的脊边。复眼黑色。触角5节，黑色、丝状。前胸背板前侧缘略呈锯齿状，腹部腹面中央有凹下的纵沟。足基节间褐黑色，跗节端部黑褐色，具1对爪。卵：近鼓状，顶端具盖，周缘有齿，灰白色。不规则块状，数粒或数十粒黏在一起，排列整齐。若虫：初孵时近圆形，白色，有红色花纹，常头向内群集在卵块周围，2龄后分散为害，老熟若虫与成虫相似。体红褐色或黑褐色，体长6毫米，头端至小盾片具1条黄色或微现黄红色细纵线。触角4节，

若虫

若虫

成虫

黑色，第4节基部黄白色。足黑色。腹部背面中央具纵裂暗色大斑3个，每个斑上有横排淡红色臭腺孔2个。

3. 发生规律 年生1代，以成虫于草丛或树洞、树皮裂缝及枯枝落叶下及墙缝、屋檐下越冬。翌春草莓或果树发芽后开始活动。5~7月交配产卵。卵多产于叶背，卵期10~15天，7月份卵陆续孵化，7~8月羽化为成虫，10月开始越冬。成虫飞翔力强，喜在草莓或树体上部活动。有假死性，受惊扰时分泌臭液。

4. 防治方法 （1）秋冬清除杂草，集中烧毁和深埋。（2）成虫、若虫为害期清晨震落捕杀，在成虫产卵前进行较好。（3）若虫发生期喷药防治，可喷百磷3号2 000倍液、速灭杀丁2 000倍液混以甲胺磷2 000倍液，或灭扫利2 000倍液混以敌敌畏1 000倍液。

二十八、点蜂缘蝽

1. 分布为害 点蜂缘蝽在国内大部分地区都有分布，在草莓上主要是成虫为害。露地栽培的草莓地常是成虫的越冬场所之一。除草莓外，还为害苹果、梨等果树和多种农作物。点蜂缘蝽以口针刺吸草莓叶、叶柄及蕾、花汁液，造成死蕾、死花及畸形果。

2. 形态特征 学名 *Riptortus pedestris* Fabricius，属半翅目，缘蝽科。

成虫

成虫：体长15~17毫米，宽3.2~3.5毫米，全体黄棕至黑褐色。头三角形，前胸背板两侧呈棘状，腹部、前部缢狭，头胸部两侧的黄色光滑斑纹呈斑状或消失。触角第1节长于第2节，第4节长于2、3节之和。前胸背板及胸侧板

具许多不规则的黑色颗粒。臭腺沟长，向前弯曲，几乎达到后胸侧板的前缘，腹部侧接缘黑黄相间。后足腿节具刺列，胫节弯曲，短于腿节，中部色淡。

3. 发生规律 点蜂缘蝽在国内自北向南1年发生2~4代，以成虫在落叶及草莓株丛和草丛中过冬。来年3~4月开始活动，产卵于叶背、嫩梢上。成若虫均极活跃，疾行善飞，喜食害各种豆类，其次为棉、麻、丝瓜、草莓、稻、麦等植物。成虫须吸食植物花等生殖器官后，方能正常发育及繁殖。

4. 防治方法 （1）清洁田园，减少越冬虫源。（2）用90%敌百虫800倍液、或20%杀灭菊酯2 000~3 000倍液，连同周围杂草一起喷布。

二十九、小家蚁

1. 分布为害 世界性分布。为害多种蔬菜、草莓、瓜类、食用菌等。草莓成熟后蚂蚁啃食果肉，先是一二头啃咬，后把信息传给其他蚂蚁，蚁群出动，轮回取食，最后把果实吃光，仅剩花萼。有时熟果受害率为30%，损失严重。

2. 形态特征 学名 *Monomorium pharaonis* Linnaeus，属膜翅目，蚁科。小家蚁群体中只有雌蚁、雄蚁和工蚁。

成虫

雌蚁：体长3~4毫米，腹部较膨大。雄蚁：体短，2.5~3.5毫米，营巢后翅脱落只剩翅痕。工蚁：体长2.2~2.4毫米，淡黄至深黄褐色，有时带红色，腹部后部2~3节背面黑色。头胸部、腹柄结具微细皱纹及小颗粒。腹部光滑具闪光，体

毛稀疏。触角12节、细长，柄节长度超过头部后缘。前中胸背面圆弧形，第1腹柄节楔形，顶部稍圆，前端突出部长些，第2腹柄节球形，腹部长卵圆形。蚁卵乳白色，椭圆形。

3. 发生规律 小家蚁多在夏季进行婚飞，雄蚁不久即死亡，雌蚁产卵营巢在土下，整群聚集在一起。傍晚或阴天出洞产卵繁殖，首批繁殖的子蚁是工蚁。每年完成4～5个世代。

4. 防治方法 诱杀工蚁，用0.13%～0.15%的灭蚁灵粉与玉米芯粉或食油拌匀，放在火柴盒里，每盒2～3克，每平方米放1盒，再捕捉几只活小家蚁放在盒内取食，它们就会回去报信，巢穴中的蚂蚁全来取食。灭蚁灵虽然比较安全，但也有一定的毒性，不可随意加大用药量。为害严重的地方可用“灭蟑螂（甲由）蚂蚁药”简称“灭蟑药”每15米^{2}用1～3管，每管2克，分放10～30堆，湿度大的地方，可把药放在玻璃瓶内、侧放，即可长期诱杀。

三十、短额负蝗

1. 分布为害 短额负蝗分布于全国各地。食性杂，主要为害草莓叶片，其若虫只在叶的正面剥食叶肉，低龄时留下表皮，高龄若虫和成虫将叶片吃成孔洞或缺刻似破布状，严重影响植株生长。

2. 形态特征 学名 *Atractomorpha sinensis* Bolivar，属直翅目，蝗科。又名尖头蚱蜢、中华负蝗、圆额负蝗。

雌虫：体长32毫米，前翅长26.5～28毫米，成虫草绿色，从背面与侧面看好像禾本科植物绿叶，秋天则变为红褐色，像植物的枯叶。头呈长锥形，较短，短于前胸背板。触角粗短、剑状。前翅狭长，超出后足腿节顶端的长度为全翅的1/3，顶端较尖。后翅短于前翅，基部玫瑰色。卵：细长略弯，土黄褐色，卵产在土下1厘米深处的膜质卵囊中，一般每囊产卵30粒左右。

3. 发生规律 在江苏一带1年发生2代，以卵在土下越冬。4月份若虫孵化，6月下旬一代若虫陆续羽化，7月下旬至8月上旬二代若虫孵化，10月前后成虫产卵越冬。干旱年份发生严重，靠近蔬菜、树边

和杂草丛生的地方受害严重。田硬、路坎和农毛渠多年不翻耕的地方有利于蝗卵保存和繁殖，从而蝗害严重。

4. 防治方法　早春卵块孵化前及7月份二代卵孵化前与越冬卵产下后浅铲田埂消灭土下卵块。可用甲胺磷、1605等防治。

成虫及为害状

三十一、小地老虎

1. 分布为害　小地老虎在世界各地多有分布。在草莓上主要以幼虫为害近地面茎顶端的嫩心、嫩叶柄、幼叶及幼嫩花序和成熟浆果。

2. 形态特征　学名 *Agrotis ypsilon* Rottemberg，异名 *Noctua ypsilon*，*N.robusta*，*Aprotis frivola*，*A.suffusa pepoli*，*A.aureolum*，又名土蚕、黑地蚕、切根虫、小地蚕等。属鳞翅目，夜蛾科。

成虫：体长16~23毫米，翅展48~50毫米。头部与胸部黑灰褐色，有黑斑，腹部灰褐色。颈板基部、中部各有一黑横纹。前翅棕褐色，沿前缘较黑。基线和内线均为黑色双线波浪形，剑纹小，暗褐色黑边；环纹小，扁圆形黑色；肾纹黑边，外侧中部有一黑色楔形斑，亚缘线微白、锯齿形，内侧有两个黑色楔形斑。卵：扁球形，横径0.6毫米，纵径 0.4~0.5毫米。初为淡黄色，孵化前为灰褐色。卵顶部到底部有13~15根长棱，中部纵棱31~35根，纵棱间有细横格。幼虫：老熟幼虫头宽3~3.5毫米，体长41~52毫米，体宽5~6毫米，近圆筒形。体绿褐、暗褐至黑褐色，体表粗糙，布满黑色颗粒状斑点。蛹：在土室中化蛹，蛹长18~24毫米，黄褐至暗褐色。

3. 发生规律　1年发生2~7代，一般第一代对草莓为害重。成虫

幼虫

昼伏夜出，对糖醋液和黑光灯有较强趋性，在杂草及作物幼苗叶背根部土块上产卵。一般每只雌蛾产卵1 000粒左右，多的可达3 000粒。幼虫食害草莓嫩尖、叶片、叶柄、根茎、匍匐茎、花、花蕾、花序、嫩果和熟果。小地老虎在我国北方不能越冬，成虫有远距离迁飞习性，北方第一代的发生量与南方虫源迁入量有关。

4. 防治方法 （1）结合锄草进行人工捕杀。（2）保护利用蟾蜍、青蛙、蜘蛛等天敌。（3）每公顷用80%敌敌畏或50%辛硫磷4.5～6.75千克细砂土22.5～33.75千克制成毒土于傍晚撒于株间，或用90%晶体敌百虫800～1 000倍液喷雾。采前10天停止用药。

三十二、蛴螬

蛴螬是鞘翅目金龟甲总科幼虫的总称。

1. 分布为害 蛴螬发生普遍，分布广，为害大，食性很杂，幼虫主要为害草莓及各种植物的种子、根、块根、块茎以及幼苗等，成虫为害瓜菜、果树、林木的叶和花器。

2. 形态特征 蛴螬体肥大，弯曲近“C”形，体长3～4厘米，多为白色至乳白色。体壁较柔软、多皱，体表疏生细毛。头大而圆，多为黄褐色或红褐色，生有左右对称的刚毛。胸足3对，一般后足较长。腹部10节，臀节上生有刺毛。

3. 发生规律 蛴螬年发生代数因种因地而异。一般每年发生1代，

或2～3年1代，长者5～6年1代。蛴螬共3龄，1～2龄期较短，3龄期最长。蛴螬终生栖居土中，其活动主要与土壤的理化特性和温湿度等有关。在1年中活动最适的土温平均为13～18℃，高于23℃，逐渐向下转移，到秋季土温下降再向上层转移，所以春秋季蛴螬为害重。

幼虫为害状

4. 防治方法　（1）春秋翻耕土地，人拣鸟啄杀灭蛴螬。避免施用未腐熟的厩肥，减少成虫产卵。（2）用50%辛硫磷乳油制毒土撒施或用对硫磷、甲胺磷等随水浇灌，兼治蝼蛄和金针虫。

三十三、蝼　　蛄

1. 分布为害　蝼蛄在我国为害较重的是华北蝼蛄和东方蝼蛄。蝼蛄为多食性害虫，喜食各种植物。成虫和若虫都在土中咬食播下的种子和幼芽、幼根，食害草莓主要是把幼根和根茎咬断，使植株凋萎死亡。

2. 形态特征　华北蝼蛄学名 *Gryllotalpa unispina* Saussure，属直翅目，蝼蛄科。体长39～50毫米，黄褐色，腹部近圆形，前足腿节内侧弯曲，缺刻明显。后足胫节背面内侧有1根刺或无。东方蝼蛄学名 *Gryllotalpa orientalis* Burmeister，体长29～34毫米，灰褐色，腹部近纺锤形。前足腿节内侧外缘较直，缺刻不明显，后足胫节背面内侧有刺3～4根。

3. 发生规律　华北蝼蛄3年完成1代，东方蝼蛄在南方1年发生1代，在陕西、山东、辽宁、河北等地两年发生1代。两种蝼蛄均以成

虫或若虫在地下越冬，其深度为冻土层以下和地下水位以上。第2年3月下旬到4月上旬随地温升高而向上移动，至4月上中旬进入表土层窜成许多隧道进行活动和取食为害。5～6月为活动为害高峰期，6月下旬至8月上旬为蝼蛄越夏产卵期，到9月上旬以后大批若虫和新羽化的成虫从地下14厘米的土层，上升到地表活动，形成秋季为害高峰，10月中旬以后随气温转冷蝼蛄陆续入土越冬。两种蝼蛄都有趋光性，对麦麸等有趋性，多在低湿地活动为害。东方蝼蛄喜在潮湿地5～10厘米深处作鸭梨形卵室产卵，每雌产卵30～50粒。华北蝼蛄喜在盐碱地、地埂、畦堰或松软地产卵，每雌可产卵120～160粒，最多可达500粒。卵期10～25天，若虫共14龄。

成虫

4. 防治方法 用辛硫磷、对硫磷、甲胺磷等制作毒土或拌种施治。用麦麸等拌药作毒饵撒施，用甲胺磷、对硫磷随水浇灌进行除治。

三十四、蜗　牛

1. 分布为害 分布在上海、浙江、山东、江苏、河北等地。主要为害草莓、白菜、豆类、玉米、花卉、果树等。蜗牛靠舌头上的锉形组织和舌头两侧的细小牙齿，磨碎植物的茎、叶或根。

2. 形态特征 学名*Truticiola ravida*（Benson），属软体动物门，腹足纲，柄眼目，蜗牛科，别名刚蜗。

成贝：体长30～36毫米，灰黄或乳白色，具5层螺层。头部有长、

叶被害状

蜗牛

短触角各1对；眼在后触角顶端。足在身体腹面，适宜爬行。幼贝：形态和颜色与成贝极相似，体型略小，螺层多在4层以下。卵：圆球形，直径约2毫米，初为白色，孵化前变为灰黄色，有光泽。

3. 发生规律　1年1代，11月下旬以成贝和幼贝在田埂、土缝、残枝落叶、宅前屋后的物体下越冬。翌年3月上中旬开始活动，温室前、塑料棚内于2月中下旬即见活动。蜗牛白天潜伏，傍晚或清晨取食，遇有阴雨天多整天栖息在植株上，除喜欢为害草莓叶片外，还可为害近成熟的果实。

4.防治方法　每公顷用蜗牛敌（多聚乙醛）配成含有效成分2.5%～6%的豆饼粉或玉米粉或用8%灭蜗灵颗粒剂22.5～30千克，碾碎后拌细土或饼屑75～112.5千克，于天气温暖，土表干燥的傍晚撒在受害株附近根部的行间，2～3天后接触药剂的蜗牛分泌大量黏液而死亡。防治适期3～4月中间，蜗牛产卵前，6～7月有小蜗牛时再防1次，效果更好。

三十五、野蛞蝓

1. 分布为害　野蛞蝓分布在我国华北及中南部。主要为害各种蔬

菜及农作物。取食蔬菜叶片成孔洞，尤以幼苗、嫩叶受害最烈。在草莓上主要为害草莓成熟期浆果，被拱食过的浆果失去经济价值。

野舌蝓

2. 形态特征 学名*Agriolimax agrestis* (Linnaeus)，属软体动物门，腹足纲，柄眼目，蛞蝓科。别名鼻涕虫、游诞虫等。

成虫：体伸直时长30～60毫米，宽4～6毫米，内壳长4毫米，宽2.3毫米，长梭型，柔软，光滑而无外壳。体表暗黑色或暗灰色，黄白色或灰红色，有的有不明显暗带或斑点。触角2对，暗黑色，下边1对短，黏液无色。在右触角后方约2毫米处为生殖孔。卵：椭圆形，韧而富有弹性，直径2～2.5毫米。白色透明可见卵核，近孵化时色变深。初孵幼体长2～2.5毫米，淡褐色，体形同成体。

3. 发生规律 以成体或幼体在作物根部湿土下越冬。5～7月间在田间大量为害，入夏气温升高，活动减弱，秋季气温凉爽后又活动为害。

4. 防治方法 （1）可用8%灭蜗灵颗粒剂，每公顷15～22.5千克撒施，或用10%多聚乙醛颗粒剂，每平方米1.5克撒施，亦可于4～5月用氨水剂150倍液喷洒地面。（2）清洁田园，铲除杂草，实行水旱轮作。亦可在田边、地埂上撒石灰或草木灰，野蛞蝓爬过时，身体失水死亡。

三十六、网纹蛞蝓

1. 分布为害　主要分布在江苏、浙江、云南等省。以为害蔬菜、大田、园艺、花卉等植物为主。为害幼苗肥厚子叶时，留下上表皮，为害大苗时食成孔洞或沿叶缘蚕食，严重时将幼苗吃光，此外还能钻食块茎、块根，传播烟草花叶病毒及十字花科黑腐病。

2. 形态特征　学名*Deroceras reticulatum*（Muller），属软体动物门，腹足纲，柄眼目，蛞蝓科。

成虫：体长约50毫米，扭曲不对称，头清晰可见，眼着生在触角顶端，体浅黄色，有深褐点条网络，套腔两侧圆形且有深色小点和斑纹，套腔和体躯不分区带，内脏囊被套腔盖住。呼吸孔的边缘灰色，同心具脊的套腔中心点位于中线右侧，脊棱短且断开，腹面具爬行足，黏液白色至乳白色。

3. 发行规律　从孵化到雌雄同体生殖腺分化为幼稚期，从雄生殖道发育到性成熟为幼期，从形成精子到雌生殖道发育至卵成熟及产卵进入成虫期，性腺与生殖道萎缩即进入老年期。喜在黄昏后或阴天外出寻食，每夜可爬90厘米，17.5～20.5℃最活跃，1～2℃停止运动，但仍可取食；−8℃仅能存活8小时，交配后8～10天产卵。每雌产卵300粒，土壤含水量60%～85%利其生殖。

网纹蛞蝓

4. 防治方法　（1）发现为害时破土晒田，可减轻为害。（2）可用8%灭蜗灵颗粒剂每公顷22.5～30千克，或10%多聚乙醛颗粒剂，每平方米1.5克、融杀蚧螨1号可湿性粉剂70～150倍液喷洒。

三十七、黄蛞蝓

1. 分布为害 分布在上海、江苏、浙江、湖南、广西、广东、云南、四川、贵州、河南、新疆、北京等地。主要为害蔬菜、草莓、农作物、食用菌。蛞蝓食害植物与蜗牛相似，也是靠舌头上的锉形组织及舌头两侧的细小牙齿把植物组织磨碎。

2. 形态特征 学名 *Limax flavus* Linnaeus，属软体动物门，腹足纲，柄眼目，蛞蝓科。俗名鼻涕虫、游延虫等。体裸露柔软无外壳保护，头部具2对浅蓝色的触角，后1对触角顶端具眼，在体背部近前端1/3处具一椭圆形的外套膜，前半部为游离状态，运动收缩时，可把头部覆盖住，外套膜里具一薄且透明椭圆形石灰质盾板，系已退化的贝壳，尾部生有短尾脊，全体黄褐色至深橙色，布有零星浅黄色点状斑，背部较深，两侧较浅，足浅黄色。全体伸展时长约100毫米，宽12毫米。

3. 发生规律 常生活在阴暗潮湿的温室、大棚、菜窖、住宅附近、农田及腐殖质多的落叶、石块下、草丛中、水渠、沟旁等地。

黄蛞蝓

4. 防治方法 每公顷用油茶饼105～150千克，用50千克水泡开，取其滤液喷洒也有效，也可用40%蛞蝓敌浓水剂100倍液，或10%硫特普加等量50%辛硫磷对成500倍液，或单用融杀蚧螨可湿性粉剂150倍液喷洒。每公顷施8%灭蜗灵15～22.5千克，于晴天傍晚撒施在株间，效果很好。

第三章 营养缺素症及其矫正

草莓营养元素诊断技术是现代化草莓生产管理中的一项常规措施，它可因时因地直接指导草莓施肥，对因株体营养失调引起的产量低、品质差的草莓园进行矫正。营养诊断技术是把草莓无机盐营养原理运用到施肥措施上的关键环节，它能使草莓施肥合理化、指标化。在生产上可根据缺素症状的形态特征、分析数据，快速、准确地了解植株的营养状况，并及时采取相应的对策。

一、缺　　氮

1. 症状　草莓植株缺氮的外部症状由轻微至明显，取决于叶龄和缺氮程度。一般刚开始缺氮时，特别在生长盛期，叶片逐渐由绿向淡绿色转变。随着缺氮的加重，叶片变成黄色，局部枯焦而且比正常叶略小。幼叶或未成熟的叶片，随着缺氮程度的加剧，叶片反而更绿。老叶的叶柄和花萼则呈微红色，叶色较淡或呈现锯齿状亮红色，果实常因缺氮而变小。轻微缺氮时田间往往看不出来，并能

缺氮

自然恢复，这是由于土壤硝化作用释放氮素所致。

2.发生规律　土壤瘠薄，且没有正常施肥，易表现缺氮。管理粗放，杂草丛生时，常缺氮。

3.矫治方法　施足底肥，以满足春季生长期短而集中的生长特点。发现缺氮每公顷可土施硝酸铵172.5千克，施后立即灌水，效果明显。也可在花期喷0.3%～0.5%尿素1～2次。

二、缺　磷

1.症状　草莓缺磷时，植株生长弱，发育缓慢，叶色带青铜暗绿色。缺磷的最初表现为叶片深绿，比正常叶小；缺磷加重时，有些品种的上部叶片外观呈黑色，具光泽，下部叶片的特征为淡红色至紫色，近叶缘的叶面上呈现紫褐色的斑点。缺磷植株的花和果比正常植株要小，有的果实偶尔有白化现象。根部生长正常，但根量少，颜色较深。缺磷草莓的顶端受阻，明显比根部发育慢。

2.发生规律　草莓缺磷主要是土壤中含磷量少，如果土壤中含钙量多或酸度高时，磷素被固定，不易被吸收。在疏松的砂土或有机质多的土壤上也易发生缺磷现象。

3.矫治方法　可在草莓栽植时每公顷增施过磷酸钙750～1 500千克，随农家肥一起施，或者植株开始出现缺磷症状时，每公顷喷施1%～3%的过磷酸钙澄清液750千克，或叶面喷布0.1%～0.2%磷酸二氢钾2～3次。

缺磷

三、缺　钾

1. 症状　草莓开始缺钾的症状常发生在新成熟的上部叶片，叶边缘出现黑色、褐色和干枯，继而发展为灼伤，还可在大多数叶片的叶脉之间向中心发展危害，包括中肋和短叶柄的下面叶片产生褐色小斑点，几乎同时从叶片到叶柄发暗并变为干枯或坏死，这是草莓特有的缺钾症状。草莓缺钾时较老的叶片受害重，幼叶不显示症状。光照会加重叶片灼伤，所以缺钾易与“日烧”相混淆。灼伤的叶片其叶柄常发展成浅棕色到暗棕色，有轻度损害，以后逐渐凋萎。缺钾草莓的果实颜色浅，质地柔软，没有异味。

2. 发生规律　在砂土及有机肥和钾肥少的土壤易缺钾。施氮肥过多，对钾吸收有拮抗作用。

3. 矫治方法　施用充足的厩肥等有机肥料可减轻缺钾现象。钾不足时，每公顷可施硫酸钾97.5千克左右。亦可叶面喷布0.1%～0.2%磷酸二氢钾2～3次。

四、缺　钙

1. 症状　缺钙使根系停止生长，根毛不能形成，果实贮藏寿命缩短，品质降低，并引起一系列生理病害。草莓缺钙最典型的是叶焦病，硬果，根尖生长受阻和生长点受害。叶焦病在叶片加速生长期频繁出现，其特征是：叶片皱缩，或者缩成皱纹，有淡绿色或淡黄色的界限，叶片褪绿，下部叶片也发生皱缩，顶端不能充分展开，变成黑色。在

缺钙

病叶叶柄的棕色斑点上还会流出糖浆状水珠，大约在下面花茎1/3的距离也会出现类似症状。

2. 发生规律 土壤干燥，土壤溶液浓度大，阻碍对钙的吸收。酸性土壤，或年降水量多的砂质土壤容易发生缺钙现象。

3.矫治方法 草莓缺钙的矫治，最好在栽植前向土壤增施石膏，一般每公顷施用量为525～1 050千克，视缺钙程度而定。石膏如作追肥施用时应减少用量。叶面喷施0.3%氯化钙水溶液可减轻缺钙现象。另外，应及时浇水，保证水分供应。

五、缺　　镁

1. 症状 草莓成熟叶片缺镁时，最初上部叶片的边缘黄化和变褐枯焦，进而叶脉间褪绿并出现暗褐色的斑点，部分斑点发展为坏死斑，形成有黄白色污斑的叶片。枯焦加重时，基部叶片呈淡绿色并肿起，枯焦现象随着叶龄增长和缺镁加重而发展，幼嫩的新叶通常不显示症状。缺镁植株的浆果通常比正常果红色较淡，质地较软，有白化现象。根量则显著减少。

缺镁

2. 发生规律　在砂土地上栽培草莓易出现缺镁症。钾肥、氮肥用量过多，也可阻碍对镁的吸收。

3. 矫治方法　镁含量低于0.1%的植株应施用速效性镁肥，如硫酸镁，可在草莓定植前每公顷60～120千克，或者按草莓栽植行每米追施6.5～13g。增施有机肥，也可叶面喷施1%～2%的硫酸镁。在一般情况下，随着镁肥的被吸收，叶片枯焦现象也会被阻止。

六、缺　　硼

1. 症状　草莓早期缺硼的症状表现为幼龄叶片出现皱缩和叶焦，叶片边缘黄色，生长点受伤害，根短粗、色暗。随着缺硼的加剧，老叶的叶脉间有的失绿，有的叶片向上卷。缺硼植株的花小，授粉和结实率降低，果小、果实畸形或呈瘤状。种子多，有的果顶与萼片之间露出白色果肉，果实品质差，严重影响产量。

2. 发生规律　土壤干旱时及土壤缺硼，易发生缺硼症。华南花岗岩发育的红壤和北方含石灰的碱性土易缺硼。

3. 矫治方法　适时浇水，提高土壤可溶性硼含量，以利植株吸收。缺硼的草莓可叶面喷施硼肥，一般为硼砂70克加清水50千克叶面喷洒。由于草莓对过量硼比较敏感，所以花期喷施时浓度应适当减少。对于严重缺硼的土壤，应在草莓栽植前后土施硼肥，1米长栽植行施1克硼肥即可。

缺 硼

七、缺　铁

1. 症状　缺铁的最初症状是幼龄叶片黄化或失绿，但这还不能肯定是缺铁，当黄化程度发展并进而变白，发白的叶片组织出现褐色污斑时，则可断定为缺铁。草莓中度缺铁时，叶脉（包括小的叶脉）为绿色，叶脉间为黄白色。叶脉转绿复原现象可作为缺铁的特征。严重缺铁的症状是：新成熟的小叶变白，叶片边缘坏死，或者小叶黄化（仅叶脉绿色），叶片边缘和叶脉间变褐坏死。缺铁草莓植株的根系生长弱，缺铁对果实影响很小。严重缺铁时草莓单果重减少、产量降低。

2. 发生规律　碱性土壤或酸性强的土壤易缺铁；土壤过干、过湿，影响根的活力，也易出现缺铁现象。

3. 矫治方法　防止缺铁可在栽植草莓时土施硫酸亚铁或螯合铁，也可在刚出现缺铁症状时追施，1米长栽植行施用量为1～2克。土壤pH值调节到6～6.5较适宜，这时不应再施用大量的碱性肥料。用0.1%～0.5%硫酸亚铁水溶液或500倍克黄灵行叶面喷洒。

八、缺　锌

1. 症状　轻微缺锌的草莓植株一般不表现症状。缺锌加重时，较老叶片会出现变窄，特别是基部叶片，缺锌越重窄叶部分越伸长，但缺锌不发生坏死现象，这是缺锌的特有症状。缺锌植株在叶龄大的叶片上往往出现叶脉和叶片表面组织发红的症状。严重缺锌时新叶黄化，但叶脉仍保持绿色或微红，叶片边缘有明显的黄色或淡绿色的锯齿形边。缺锌植株纤维状根多且较长。果实一般发育正常，但结果量少，果个变小。

2. 发生规律 在砂质土壤或盐碱地上栽植的草莓易发生缺锌现象。被淋洗的酸性土壤、地下水位高的土壤和土层坚硬，有硬盘层的土壤易缺锌。含磷量高或大量施氮肥使土壤变碱，易缺锌。土壤中有机物和土壤水分过少，易缺锌。土壤中铜、镍等元素不平衡也易导致缺锌。

3. 矫治方法 增施有机肥，改良土壤。叶面喷布0.1%的硫酸锌溶液，但要慎用，以免出现药害。

九、缺　　锰

1. 症状 缺锰的初期症状是新发生的叶片黄化，这与缺铁、缺硫、缺钼时全叶呈淡绿色的症状相似。缺锰进一步发展，则叶片变黄，有清楚的网状叶脉和小圆点，这是缺锰的独特症状。缺锰加重时，主要叶脉保持暗绿色，而在叶脉之间变成黄色，有灼伤，叶片边缘向上卷。灼伤会呈连贯的放射状横过叶脉而扩大，这与缺铁时叶脉间的灼伤明显不同。缺锰植株的果实较小，但对品质无影响。

2. 发生规律 北方的石灰性土壤如黄淮海平原、黄土高原等盐碱地易缺锰。叶片锰含量小于25毫克／千克时出现缺锰症状。

3. 矫治方法 在草莓定植时土施硫酸锰，1米栽植行施量1～2克，或出现缺锰症状时，叶面喷施浓度为80～160毫克／升的硫酸锰水溶液，在开花或大量坐果时不喷。

十、缺　　铜

1. 症状　草莓缺铜的早期症状是未成熟的幼叶均匀地呈淡绿色，这与缺硫、缺镁和缺铁的早期症状类似。不久，叶脉之间的绿色变得很浅，而叶脉仍具明显的绿色，逐渐在叶脉和叶脉之间有一个宽的绿色边界，但其余部分都变成白色，出现花白斑，这是草莓缺铜的典型症状。缺铜对草莓根系和果实不显示症状。

2. 发生规律　石灰性和中性土壤以及砂性土壤有效铜低于 0.2 毫克／千克时，易缺铜。

3. 矫治方法　每公顷施用硫酸铜 10.5 ~ 15 千克，与有机肥或化肥混合基施，3 ~ 5 年施 1 次即可，或在缺铜的土壤上定植草莓前每 1 米长栽植行土施硫酸铜 1 ~ 2 克，或者根外喷施 0.1% ~ 0.2% 硫酸铜液。

十一、缺　　硫

1. 症状　缺硫与缺氮症状差别很小。缺硫时叶片均匀地由绿色转为淡绿色，最终成为黄色。缺氮时，较老的叶片和叶柄发展为呈微黄色的特征，而较幼小的叶片实际上随着缺氮的加强而呈现绿色。相反地，缺硫植株的所有叶片都趋向于一直保持黄色。缺硫的草莓浆果有

所减小，其他无影响。

2. 发生规律　我国北方含钙质多的土壤，硫多被固定为不溶状态，而南方丘陵山区的红壤，因淋溶作用，硫流失严重，这些地区的草莓园易缺硫。

3. 矫治方法　对缺硫草莓园施用石膏或硫磺粉即可。一般可结合施基肥每公顷增施石膏555～1 110千克，硫磺粉施用量为每公顷15～30千克或栽植前每1米栽植行施石膏65～130克。

缺硫

十二、缺　钼

1. 症状　草莓初期的缺钼症状与缺硫相似，不管是幼龄叶或成熟叶片最终都表现为黄化。随着缺钼程度的加重，叶片上面出现枯焦，叶缘向上卷曲。除非严重缺钼，一般缺钼不影响浆果的大小和品质。

2. 发生规律　由黄土母质发育的土壤含钼量少，如黄河、淮河和湖滨冲积土壤，含钼量都较少，红壤等酸性土壤虽含钼较多，但含有效性钼较少。钼的最适pH值在6以上。据有关资料，我国土壤含钼量为0.1～6毫克/千克，平均仅2毫克/千克，其中对植物有效的不过10%，因此，即使在含钼较高的土壤（如腐殖土）施用钼肥，也有良好肥效。

3. 矫治方法　对缺钼草莓植株用0.01%～0.05%钼酸铵或钼酸钠的水溶液进行叶面喷施，或者在草莓栽植时按1米行长土施0.065～0.13克的钼酸盐。

缺钼

第四章 病虫草害的综合防治

综合防治对害虫不是全部消灭，而是从生态学考虑，把害虫种群控制在低水平状态，以害虫和作物养天敌，以天敌治害虫。不是单靠一种方法，而是采用多种方法，把病虫草害的发生量控制在经济允许水平以下，达到高产、优质、低成本和少公害或无公害的目的。

草莓是多年生常绿植物，植株矮小，茎叶果实接近地面，为多种病虫草完成其孳生侵染循环提供了良好的生态条件。所以草莓是一种极易受病虫草为害的植物，受害株率一般都在20%左右，严重的超过50%。为了保证草莓正常生长，达到优质、高产的目的，应对其采取综合防治措施。草莓病虫草害综合防治措施主要可分为以下几点:

1. 认真选择园地 建立草莓园要认真选择园地，病虫草害严重的地段、与草莓病虫草有共生寄主的作物地等不宜栽植草莓。如草莓与蔬菜套种，草莓灰霉病同黄瓜、辣椒、莴苣上的灰霉病可以互相构成新的侵染循环，使得彼此的病情加重。传播蔬菜（如番茄、甜椒）病毒的桃蚜、棉蚜也可以使草莓上的某些病毒病病情加重，所以不在茄科等蔬菜地种植草莓。因此，要预先考虑到这些方面的问题，在选择草莓园时要加以注意和避免。

2. 减少病虫草传播 病毒病、红蜘蛛、芽线虫、根线虫等都可以随种苗传播，因此，要对草莓种苗实行严格检疫。有检疫对象的种苗一律不准向外调运或引入，把好种苗传播关是一项十分重要的病虫草防治措施。如草莓绿瓣病及其他类菌原体病害在草莓上常造成毁灭性危害，这些病害仅在局部地区发生，我们至今尚未发现。因此，从发病国家或地区引种时一定要严格进行检疫，一旦发现带有类菌原体，

就应立即销毁，严防病害的传入。

3. 清除病残体和杂草种子 加强田间管理，为了减少病虫草害的来源，要认真清除园内外杂草及其种子和病老残叶及病苗，保持田园清洁。栽培不要过密，保持通风透光，控制氮肥用量和过多灌水，进行地膜覆盖，保持秧苗充实健壮。栽植要尽量避免连作和重茬，通过轮作换茬，特别是水旱栽培方式改变杂草群落，这样既可减少病虫草的来源，又可增强秧苗抗病虫草害能力。

4. 采用抗病虫品种 选用健壮秧苗，草莓品种不同抗病虫草害的性能不同，如福羽不抗青枯病，福羽、浆果明星、涡潮、汤姬、达娜、春香、芳玉、丽红等不抗白粉病，而宝交早生、因都卡、春霄等抗白粉病，新明星、因都卡抗蛇眼病，福羽、芳玉红鹤、宝交早生及四季草莓对黄萎病感病轻，而达娜、春香感病重。因此要注意采用抗性强的品种，同时培养和选用健壮秧苗，也能增强植株的抗病能力。

5. 合理施用农药，适期防治 施用农药防治草莓病虫草要做到合理和适期。在以农业防治为主的前提下，尽量减少用药次数，做到一药多治，而且要选用无毒、微毒或低毒药剂，如灭幼脲3号、青虫菌、白僵菌、农抗120、多氧霉素等和溴氰菊酯、氯氰菊酯、功夫菊酯、速灭杀丁、联苯菊酯、灭扫利等。对杂草的防除应注意以下几点:

（1）除草剂的品种。根据防治杂草的对象选择适宜的除草剂。土壤处理除草剂用48%氟乐灵乳油，以除治正萌发的许多一年生禾本科和阔叶杂草种子，如马齿苋、西风古、猪毛菜、蓼属、藜、地肤、繁缕等。还可用50%大惠利（草萘胺）可湿性粉剂，防除马唐、稗草、千金子、苣买菜、宝盖草、三棱草等多种单、双子叶杂草。茎叶处理除草剂用24%达克尔，能杀死反枝苋、马齿苋、龙葵、黄花蒿、灰菜、苍茸等草莓园常见阔叶草。防除田旋花、铁苋菜、鸭跖草、苘麻、刺儿菜等阔叶草可用25%虎威水剂。防治禾本科杂草用12.5%盖草能乳油或35%稳杀得。上述除草剂对草莓都安全。

（2）施药技术和防治效果。在草莓栽植后每公顷喷施48%氟乐灵2 250毫升，对水750升（下同），施药后立即混土，以防水解，或者喷施1 875毫升氟乐灵，施后于越冬防寒前再覆盖透明地膜，翌年春

季把地膜撕一小孔，把草莓植株拉出膜外。这样可以保持到草莓采收期基本无杂草。移栽草莓还可在开花前每公顷喷施50%大惠利1.5～3千克，土壤黏重时用量酌增，开花期以后采收结束期以前不能施药。

采果后杂草大量发生期，如禾本科杂草占优势，每公顷可单独喷施12.5%盖草能1 690克或35%稳杀得570克，对禾本科杂草的防治效果可达96%以上。如阔叶草占优势，每公顷施用24%达克尔乳油1.5～2.25升防治有很好效果，对马唐也有一定效果，但对稗草、狗尾草等禾本科杂草反应不敏感。对禾本科草与阔叶草混生，且发生量大的草莓园，达克尔可配合施用盖草能、稳杀得等除草剂，最好错开时间单独喷施，不要混施。喷药次数，根据杂草发生量决定，喷1～2次。

（3）施用除草剂要防止药害。除草剂种类繁多，在施用过程中如果品种选择不当，施用浓度不合适或重复喷药等原因都会产生药害，或使用不当有的对人畜也会造成毒害。例如，草莓园施用西马津、阿特拉津等均三氮苯类除草剂就会引起药害。药害的表现是草莓叶片出现黄化，也有叶片向上卷，严重时全叶黄化，叶片呈灼烧状枯萎。草莓与其他作物间、套、轮作时，施用的除草剂必须对间作物和后茬作物无害。大惠利是草莓适宜的土壤处理剂，它对葫芦科、十字花科、茄科以及豆类葱蒜等作物都很安全，但禾本科的水稻、小麦、玉米及菠菜、莴苣等则对其敏感，故草莓与这些作物间、套、轮作时不宜施用。

其他杀虫剂、杀菌剂的使用也要尽量避开花期施药或在采收结束后施药，因为草莓开花后施药，容易发生药害。再则草莓开花期与果实生长期及果实采收期重叠出现，这时施药容易造成污染，所以在开花后和近采收期一般不要再用农药。

6. 保护利用天敌，减少污染 利用生物防治病虫草害愈来愈被人们重视。例如利用草蛉、蟾蜍、青虫菌、白僵菌等可控制多种病虫为害，还可减少投资。所以保护和利用天敌控制病虫害对保护生态平衡，生产绿色食品具有重要意义。

附：草莓园周年管理工作历

时间	作业项目	管理内容及要求
1月	促成栽培草莓采收	果实八成熟时即可采收，及时外运上市，并注意温室保温，使白天温度在22℃以上，夜间温度不低于8℃
	半促成栽培草莓扣棚	可在1月中旬开始扣棚，并加盖草苫开始保温，使白天温度达25～30℃，夜间温度不低于10℃，同时要破地膜，提苗到地膜上
2月	加强植株管理	把半促成栽培的草莓，将枯黄叶、病虫叶、衰老叶剪掉，除留3～4个茁壮新茎外多余的去掉，为预防病害流行，喷600倍多菌灵，1 000倍速克灵，1 000倍扑海因，每10天1次。为促进开花可以喷施1次5～10毫克/升赤霉素，每株5～10毫升药液
	花期温度调控和授粉	花期、坐果期的温度白天20～25℃，夜间8℃左右，果实膨大期白天20～25℃，夜间6℃左右为宜，促成栽培继续进行果实采收上市。花期用速克灵、百菌清烟熏剂防病1～2次，花期放蜂授粉
3月	采收上市，注意防病	采收后应用小盆分级包装，对病虫果、畸形果挑出。一般在中午加大放风量，此时用速克灵、百菌清烟熏剂防病
	及时追肥	用5‰的氮、磷、钾复合肥，穴施追肥3～5次，每10天1次，每次667m²用肥液800～1 200千克。防止植株早衰
	露地草莓撤除防寒物，中耕松土	土壤解冻后，要逐渐撤除防寒物，并将畦内的枯枝、烂叶、杂草清除干净。及时中耕松土，提高地温，促进返青生长

（续）

时间	作业项目	管理内容及要求
4月	撤棚膜	保护地草莓在4月20日前后可撤除棚膜，采收基本结束
	喷药防治病虫害	露地草莓返青至开花前，喷甲基托布津1 000倍液，或多菌灵800倍液防治灰霉病等病害。喷布菊酯类和生物农药防治各种害虫
	追肥浇水	露地草莓返青后结合追肥浇返青水，可浇灌腐熟稀粪或追施复合肥，每公顷225～300千克
	叶面喷肥	花期前后可喷布0.3%～0.5%尿素加0.2%～0.3%磷酸二氢钾1～2次。花期喷0.1%～0.2%硼砂，增产效果显著
	疏花疏蕾	对高级次的无效花蕾可适当疏掉，以节省养分消耗，提高果品质量
5月	适当浇水	土壤干旱时要适当浇水，结合浇水再追施1次复合肥，浇水时要注意早晚浇，浇小水，避免积水和曝晒
	摘除匍匐茎	为了集中营养用于结果，要及时摘除新生的匍匐茎，以节省养分消耗，促进果实生长
	铺草垫果	为了防止果实与地面接触，保持果面清洁，在坐果后，要在畦内地面上铺盖干草，把果实垫起来
	适时采收	一般进入5月份，露地草莓陆续进入成熟期，果实成熟后要及时采收，要求轻摘轻放，保证果品质量，畸形果挑出，进行分级后把优质果及时外运销售。采收时间最好是在上午露水落过之后，这样果实整洁，不易腐烂
6月	继续做好果实采收	根据天气和果实的成熟情况，要适时采收，大量成熟时要每天采收1次
	疏　叶	果实采收完毕后，要将草莓植株疏除部分过密或老残病叶，以利通风，避免郁闭，减少病虫为害
	培　秧	如在生产田繁殖秧苗，采收结束后要撤除铺草，拔除病弱株，结合除草松土对植株适当培土，加强肥水管理，促使植株多发匍匐茎，多繁殖健壮秧苗

（续）

时间	作业项目	管理内容及要求
7月	土壤消毒	在高温期可把准备定植草莓的田块进行深翻，灌足水后用塑料薄膜覆盖后曝晒15～20天，利用太阳能进行土壤高温消毒，或用氯化苦消毒
	整地作畦	施足底肥，每公顷可施优质有机肥75吨，要整平耙细。如有地下害虫，施肥时应注意拌药除治。平畦可按长10米，宽15～2米作畦，高畦要求垄高15～25厘米，垄宽60厘米左右，垄沟宽25～30厘米
	秧苗栽植	选择健壮秧苗，随起苗随栽植。平畦可按10～15厘米×20～25厘米株行距，每公顷15万株左右。高畦每垄两行，行距20～30厘米，株距15厘米左右。栽植深度要适当，不可过深或过浅，要求上不埋心，下不露根为好。最好选阴天或下午傍晚进行栽植。雨天栽植土壤易板结，栽后不易发苗
	及时浇水	栽后要及时浇水。栽后头3天要每天傍晚浇1次，以后可隔天浇水，以促使秧苗成活
8月	继续做好秧苗栽植	草莓栽植适期是立秋前后，早栽秧苗健壮，过晚秧苗生长不良。最晚要在处暑节前完成，否则对翌年产量有影响。保护地秧苗栽植最好采用带土移栽，栽后搭荫棚，促其成活和生长
	中耕除草，喷施除草剂	在草莓栽植后每公顷施用48%氟乐灵2 250毫升对水750升，施药后立即混土，以防光解。在禾本科与阔叶草混生的草莓园，可错开时间分别喷施达克尔每公顷1.5～2.25升、12.5%盖草能1.95千克、35%稳杀得570克，防草效果可达98%以上
	追肥浇水	草莓栽植成活后，要及时追肥浇水，促使秧苗健壮生长
	防治病虫害	如发现地下害虫为害，要及时除治，可地面撒施毒饵或结合浇水灌药液除治，植株可喷施代森锰锌等农药防止病害蔓延
9月	加强田间管理	为促进秧苗健壮生长和花芽分化，要继续做好中耕除草、追肥、浇水、防治病虫等工作

（续）

时间	作业项目	管理内容及要求
10月	扶壮秧苗加强植株管理	及时摘除病残老叶，追施麻酱粉和尿素及磷酸二铵，每株各30克左右，叶面喷施0.3%尿素加0.3%磷酸二氢钾2～3次，及时浇水和防治病虫草害
	促成栽培盖膜保温	促成栽培在10月20日左右，当气温降到8℃左右时开始盖棚保温
	促成栽培喷施赤霉素	保温开始后的1周内可以喷施1～2次5～10毫克/升的赤霉素，每株3～5毫升。喷施时要注意喷施苗心，晴天喷施，休眠浅的品种可以不喷或少喷。连续两次喷施的时间间隔期为7～10天
11月	灌冻水	露地栽培在上冻前要灌1次冻水，促成栽培扣棚膜前要浇1次水，以后尽量少浇水
	覆盖防寒	露地栽培浇冻水后覆盖地膜或其他防寒物如马粪、秸秆等物料，使植株进入越冬休眠期
	促成栽培植株管理	扣棚保温后，应避免多次灌水和施肥，适度保持干燥。在植株顶花序抽生后，只在其两侧留2个粗壮侧芽并摘除其他侧芽和匍匐茎
	促成栽培加强病虫防治	此期棚内温度高、湿度大，白粉病、芽枯病、灰霉病等易发生，应加强防治。可用草合剂600倍液，或50%甲基托布津600～1 000倍液，或百菌清烟熏剂或速克灵烟熏剂防治。主要害虫有蚜虫、螨类、蛴螬等，可用50%抗蚜威可湿性粉剂，20%灭扫利2 000倍液，或40%久效磷800倍液喷治
	促成栽培放蜂授粉	促成栽培11月下旬进入花期，可行人工授粉或放蜂辅助授粉，减少畸形果形成。每棚可放1箱蜂
12月	促成栽培加强温度管理	开花期到果实肥大期要确保白天22～25℃，夜间12℃左右，最低不得低于8℃。收获期白天20～24℃，夜间8～10℃，最低不能低于8℃
	促成栽培及时采收	促成栽培一般12月中旬果实成熟，要及时采收上市，同时要加强植株管理，防止植株早衰